María José Luciáñez Sánchez
Enrique Rubio Gómez
Marta Vega Manchón

O efeito do fogo na floresta

María José Luciáñez Sánchez
Enrique Rubio Gómez
Marta Vega Manchón

O efeito do fogo na floresta

Os colêmbolos como bioindicadores da degradação do solo

ScienciaScripts

Imprint
Any brand names and product names mentioned in this book are subject to trademark, brand or patent protection and are trademarks or registered trademarks of their respective holders. The use of brand names, product names, common names, trade names, product descriptions etc. even without a particular marking in this work is in no way to be construed to mean that such names may be regarded as unrestricted in respect of trademark and brand protection legislation and could thus be used by anyone.

Cover image: www.ingimage.com

This book is a translation from the original published under ISBN 978-613-9-40485-8.

Publisher:
Sciencia Scripts
is a trademark of
Dodo Books Indian Ocean Ltd. and OmniScriptum S.R.L publishing group

120 High Road, East Finchley, London, N2 9ED, United Kingdom
Str. Armeneasca 28/1, office 1, Chisinau MD-2012, Republic of Moldova, Europe
Managing Directors: Ieva Konstantinova, Victoria Ursu
info@omniscriptum.com

Printed at: see last page
ISBN: 978-620-8-50445-8

Copyright © María José Luciáñez Sánchez, Enrique Rubio Gómez, Marta Vega Manchón
Copyright © 2024 Dodo Books Indian Ocean Ltd. and OmniScriptum S.R.L publishing group

O EFEITO DO FOGO NA FLORESTA: OS COLÊMBOLOS COMO BIO-INDICADORES

O EFEITO DO FOGO NO SOLO DA FLORESTA: OS COLÊMBOLOS COMO BIOINDICADORES DA DEGRADAÇÃO DO SOLO

MARÍA JOSÉ LUCIÁÑEZ SÁNCHEZ

ENRIQUE RUBIO GÓMEZ E MARTA VEGA MANCHÓN

ÍNDICE

RESUMO

Neste trabalho, realizou-se um estudo faunístico e ecológico num pinhal de Pinus nigra Arn. em Fuentenava de Jábaga, na Serranía de Cuenca, com o objetivo de esclarecer o impacto dos incêndios florestais na composição da mesofauna e nas comunidades de colêmbolos. Durante o outono, foram recolhidas amostras de folhada, solo superficial e solo profundo em diferentes partes da floresta natural, na área afetada pelo fogo e na zona de transição entre as duas. A análise dos índices de abundância, distribuição e diversidade revelou que existe uma menor abundância de populações de colêmbolos na floresta queimada, embora seja a área com o valor de diversidade mais elevado.

Através das diferentes análises estatísticas efectuadas, foi possível identificar as espécies de colêmbolos associadas a cada um dos ambientes (natural, fogo ou zona de transição), uma vez que as espécies são influenciadas pelas caraterísticas edáficas de cada tipo de solo, o que confirma o seu papel como bioindicadores dos ecossistemas edáficos. As espécies edáficas, como Mesaphorura macrochaeta, estão altamente adaptadas a viver em ambientes perturbados pelo fogo, pelo que são muito abundantes no solo queimado. Por outro lado, observam-se comunidades mais numerosas na zona de transição ou na orla, especialmente de Tetracanthella pilosa, uma espécie hemi-dáfica com uma distribuição holárctica que, devido à postura de ovos dormentes que eclodem a altas temperaturas, é particularmente relevante neste ecossistema.

PALAVRAS-CHAVE: *Collembola, Pinus nigra, fogo, bioindicadores do solo, Serranía de Cuenca.*

1. INTRODUÇÃO

O conhecimento científico e os diferentes conceitos com ele relacionados estão a evoluir ao mesmo tempo. Embora seja um conceito antigo e, por conseguinte, talvez bem estabelecido, a definição de solo nunca deixou de ser controversa. Pode ser considerado como um corpo natural, diferenciado em horizontes de constituintes minerais e orgânicos geralmente não consolidados, de profundidade variável e que difere da rocha-mãe original em termos de morfologia, constituição, composição, propriedades físicas e químicas e caraterísticas biológicas (JOFFE, 1936). O solo é um recurso natural limitado e não renovável que desempenha múltiplos serviços ecossistémicos ou ambientais, incluindo a regulação dos ciclos biogeoquímicos, a fixação de carbono e o armazenamento e filtragem de água (BURBANO-ORJUELA, 2016). Além disso, o solo alberga uma elevada densidade de espécies, com numerosos filos animais e espécies da microflora, o que o torna o ecossistema natural mais biodiverso de qualquer região (HÅGVAR, 1998).

A macrofauna do solo (formigas, aranhas, pseudoscorpiões...) tem um impacto significativo nos processos de decomposição e mineralização de nutrientes. A mesofauna, que inclui artrópodes de tamanho entre 0,2 e 2 mm, como ácaros ou colêmbolos, é ainda mais abundante e diversificada (MURILLO-CUEVAS et al., 2019). Alguns grupos são sensíveis a perturbações naturais ou induzidas pelo homem, o que os torna bioindicadores da qualidade e fertilidade do solo (GARCÍA-ÁLVAREZ & BELLO, 2004). É essencial investigar as perturbações que podem afetar estas comunidades edáficas para compreender a dinâmica e o estado dos ecossistemas florestais. Neste trabalho pretendemos estudar os efeitos dos incêndios florestais no solo e como estas perturbações afectam as comunidades de organismos e o seu funcionamento.

Os ecossistemas mediterrânicos desenvolveram uma elevada adaptação aos incêndios florestais, no entanto, a frequência dos incêndios florestais aumentou significativamente. Atualmente, o despovoamento e o abandono conduziram a um aumento do coberto vegetal e a um aumento dos incêndios florestais não controlados e de elevada intensidade (BODÍ et al., 2012).

Os incêndios florestais têm um forte impacto nos ciclos biogeoquímicos, na vegetação, no solo, na fauna, nos processos hidrológicos e geomorfológicos, na qualidade da água e até na composição da atmosfera (BODÍ et al., 2012). Estes eventos destroem a folhada e dessecam as camadas superiores do solo, levando a alterações na disponibilidade de alimentos, água, temperatura e pH. A matéria orgânica remanescente após o incêndio é frequentemente muito decomposta e fornece um substrato menos rico para os organismos decompositores em comparação com o solo e a folhada não queimados (SUHADI et al., 2012).

O "regime de incêndios" reúne uma série de caraterísticas que definem esses eventos (frequência, intensidade, sazonalidade, área atingida e tipo de propagação), e segundo ÚBEDA et al. (2021), desde a década de 1960 esse regime vem se alterando, aumentando a intensidade e a área atingida pelos Grandes Incêndios Florestais, além de estarem ocorrendo cada vez mais frequentemente fora dos meses de verão. Os incêndios não só geram perdas de matéria orgânica, como também alteram as propriedades do solo, aumentando o pH e a salinidade, favorecendo os microrganismos decompositores e alterando os ciclos biogeoquímicos (aumenta o fósforo, perde-se azoto e altera-se a quantidade e a qualidade do carbono orgânico), além de erodir o solo e até provocar a desertificação (MATAIX-SOLERA & GUERRERO, 2007).

No entanto, os incêndios também trazem benefícios ao permitir a regeneração dos ecossistemas, a penetração da luz na floresta e a libertação de nutrientes que, de outro modo, permaneceriam imobilizados. Estes factores determinam a composição das comunidades de solo após o incêndio.

Os colêmbolos como bio-indicadores

Os colêmbolos (Collembola) são um grupo de hexápodes terrestres, geralmente edáficos, que formam um táxon filogeneticamente próximo aos insetos. De acordo com CIPOLA et al. (2018), as caraterísticas que separam este grupo dos insectos são o seu carácter endognata e a presença de três apêndices abdominais singulares: um tubo ventral ou colóforo, um tenáculo ou retináculo e a furca, embora os dois últimos se percam secundariamente em alguns taxa. A classe tem quatro ordens: Dentro das comunidades faunísticas edáficas, são um dos grupos mais relevantes. Em geral, alimentam-se de fungos e matéria vegetal em decomposição, mas alguns são carnívoros (comem nemátodos, tardígrados, outros colêmbolos, etc.) e muito poucos alimentam-se de algas e plantas vivas. São muito importantes nas cadeias alimentares edáficas, contribuindo com excreções, dejeções, secreções ou seus restos após a morte para o ambiente, e por sua vez, podem servir de alimento para outros artrópodes como formigas, besouros ou ácaros (ARANGO-GALVÁN et al., 2009). No entanto, representam apenas cerca de 1-5% da biomassa em sistemas temperados e 10% em zonas árcticas, embora em fases iniciais de sucessão possam atingir 33% (ARANGO-GALVÁN et al., 2009).

São organismos essenciais para o bom estado do solo devido ao seu importante papel na decomposição da matéria orgânica, que favorece o estabelecimento da microflora e facilita a dispersão e a atividade de bactérias e fungos (BELLINGER et al., 2003), controlando assim as populações de microrganismos (especialmente fungos). São, por isso, de grande importância para avaliar o estado de um ecossistema do solo e, consequentemente, os efeitos dos incêndios florestais no solo, pois têm também uma notável capacidade de adaptação e podem atingir níveis populacionais mais elevados do que antes do incêndio cerca de três anos depois (LOPES & GAMA, 1994; DI CASTRI & VITALI DI CASTRI, 1981). Estão entre os primeiros organismos a reagir às mudanças, sendo animais de alto valor bioindicador para ambientes edáficos (LUCIÁÑEZ & INIESTO, 2006).

Os colêmbolos, juntamente com outros grupos de animais, como ácaros, sifilídeos, paurópodes, diplurídeos, proturídeos, psocópteros, tisanópteros e encistreídeos, compõem a mesofauna do solo (animais com 0,2-2 mm de diâmetro) e são essenciais em muitos dos processos que ocorrem no ambiente do solo (BERUDE et al., 2015, SANJUAN et al., 2022). De acordo com as categorias morfoecológicas de GISIN (1943) (de acordo com a sua anatomia e o ambiente em que vivem associados, ao longo de um gradiente vertical), os colêmbolos podem ser caracterizados como atmobiose, hemiedáficos e euedáficos. Os atmobiose são típicos da superfície do solo e da vegetação, possuindo antenas e furcas longas, pigmentação e visão desenvolvidas. Os hemiéfitos vivem na folhagem e nos primeiros centímetros do solo, têm pigmentação mais ou menos desenvolvida e apêndices moderadamente longos. Os euedafídeos vivem em camadas mais profundas do solo e têm coloração, olhos e apêndices reduzidos ou ausentes. Os de modo de vida epígeo (atmobios e hemiedáficos) podem ser: higrófilos, intimamente associados à água; mesófilos, vivendo na parte superficial da folhagem, ou xerófilos, com intensa pigmentação, vivendo sobre musgos, líquens e cascas de árvores (ARBEA & BLASCO-ZUMETA, 2001).

O grande valor bioindicador deste grupo faunístico é determinante para o tema deste texto, que pretende contribuir para a avaliação do estado de um solo, e portanto de um ecossistema, através do estudo das variações das comunidades de colêmbolos num solo ardido. O estudo faz parte de um projeto de investigação mais amplo que pretende analisar e compreender a ecologia e o comportamento dos colêmbolos em solos ardidos, utilizando como ponto de amostragem um bosque de Pinus nigra Arn. em Fuentenava de Jábaga (Serranía de Cuenca), após um incêndio ocorrido em agosto de 1991. O ponto de partida é a análise das caraterísticas biogeográficas e ecológicas das espécies encontradas, e a partir daí e através de análises numéricas, contribuir para o conhecimento dos ecossistemas edáficos e do seu funcionamento.

A hipótese inicial deste estudo é que os ecossistemas estudados apresentam diferenças significativas na presença e abundância dos diferentes grupos de fauna edáfica e, sobretudo, nas espécies de colêmbolos, em função do tipo de solo amostrado: solo ardido, solo natural e solo de transição entre solo ardido e solo natural. Além disso, espera-se que as populações de colêmbolos recuperem com o tempo.

2. OBJECTIVOS

O principal objetivo deste trabalho é contribuir para o estudo do impacto de um incêndio florestal na composição da mesofauna e das populações de colêmbolos. Para tal, os objectivos específicos são os seguintes

- Determinar a abundância e distribuição da fauna edáfica num pinhal de Pinus nigra em Fuentenava de Jábaga (Cuenca), em estado natural, em solo queimado e na zona de transição entre os dois pontos, estudando também diferentes níveis de solo.

- Dado o valor bioindicador dos colêmbolos edáficos, o objetivo é conhecer as espécies que habitam estes solos naturais e ardidos, bem como na zona de transição, estudar a sua distribuição e alterações populacionais, e os factores que as geram.

- Identificar possíveis grupos de fauna edáfica e, sobretudo, espécies de colêmbolos que possam servir de bio-indicadores de uma floresta natural de P. nigra e de uma floresta ardida. Desta forma, podem tornar-se espécies indicadoras da qualidade do solo e da sua recuperação após o fogo.

- Avaliar o efeito de um incêndio na mesofauna, a fim de compreender melhor o impacto de um incêndio florestal e contribuir para melhorar a recuperação da floresta.

3. DESCRIÇÃO DA ZONA DE ESTUDO SITUAÇÃO GEOGRÁFICA

A Serranía de Cuenca está situada na região nordeste da província de Cuenca e a sul de Toledo. Não se trata de uma zona de alta montanha, mas sim de uma zona de relevo acidentado e de intrincadas formações geológicas, coberta por densos pinhais. Situa-se entre as províncias de Cuenca, Guadalajara e Teruel, delimitada a norte pela Serra de Albarracín, a leste pela Serranía Celtibérica e a oeste pela Alcarria. É uma região cujas altitudes variam entre os 800 metros, no fundo de alguns vales, e os 1866 metros, sendo o pico Mogorrita, na Serra de Valdeminguete, o ponto mais alto (DOMÍNGUEZ-FONTANA, 2011).

A área de estudo consiste num pinhal situado no município de Fuentenava de Jábaga, limitado a sul pela estrada N-400 e a leste pela estrada N-320, e a cerca de 13 km da cidade de Cuenca (**figuras 1 e 2**). O pinhal onde se efectuou a amostragem situa-se na Serranía de Cuenca, a uma altitude de 943 m em Altos de Cabrejas, com as coordenadas UTM 30TWK6437.

GEOLOGIA E CIÊNCIA DOS SOLOS

Em termos geológicos, a Serranía de Cuenca tem um núcleo triássico, rodeado por formações jurássicas, que se sobrepõem a estratos cretácicos e terciários. A paisagem é dominada por charnecas, resultado da modelação cársica. Estes montes são fragmentados por sulcos intramontanos que formam vales e gargantas, ou seja, desfiladeiros de erosão fluviokarst com declives acentuados e escarpas sobre dolomitos maciços do Turoniano (MONERO et al., 2010).

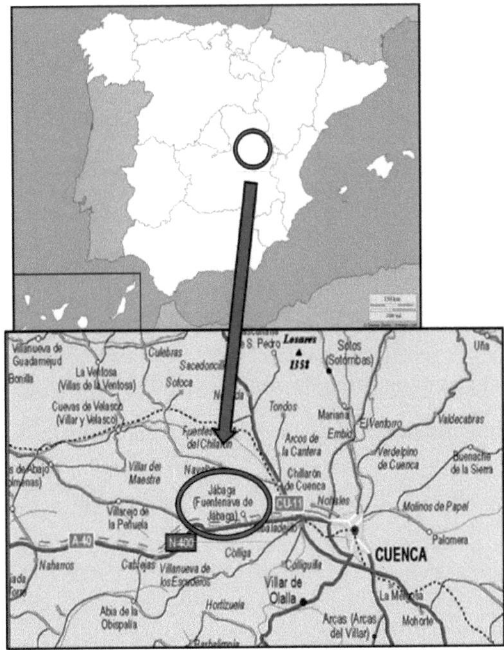

Figura 1. Localização geográfica do pinhal amostrado na Península Ibérica.

O pinhal estudado situa-se sobre depósitos sedimentares calcários oligocénicos, provenientes da secagem de bacias lacustres formadas por marga, gesso e calcário. O solo que suporta o pinhal é uma Terra Rossa, também definida como um solo calcário castanho sobre material pouco consolidado, com zonas pedregosas e um horizonte húmico pouco desenvolvido (RIVAS-MARTÍNEZ, 1987), sobre uma superfície pedregosa com uma topologia irregular (ORTIZ VALBUENA, 1992).

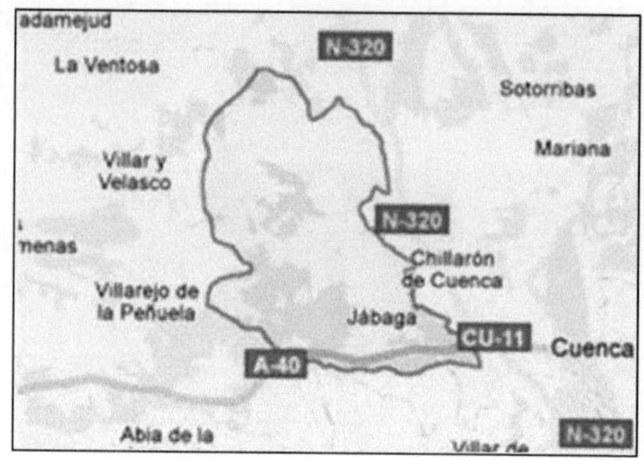

Figura 2. Localização geográfica da zona de estudo. É possível observar a zona delimitada de Fuentenava de Jábaga, onde o pinhal amostrado se encontra a sombreado.

VEGETAÇÃO

A vegetação da zona de estudo pertence ao andar supra-mesomediterrânico e à região biogeográfica basófila castelhano-alcarreno-manchã de Quercus faginea ou quejigo, cuja vegetação potencial é o carvalhal. As espécies predominantes são o pinheiro-bravo (Pinus nigra Arn.) e o carvalho-cerquinho (Quercus faginea Lam.) (RIVAS-MARTÍNEZ, 1987).

O pinheiro negro (Pinus nigra) é uma espécie orófila sub-mediterrânica muito resistente às baixas temperaturas e às fortes secas estivais. Por este motivo, é uma espécie com tendência para a estepe fria, embora devido a compensações litológicas e geomorfológicas seja capaz de viver numa gama mais ampla de condições climáticas. O Pinus nigra ocupa normalmente afloramentos rochosos, cumes e encostas íngremes onde os solos não estão muito desenvolvidos. Tem a capacidade de colonizar terrenos desfavoráveis e desempenha um papel importante na formação dos solos (REGATO & ESCUDERO, 1989). Os povoamentos de pinheiro negro da Serranía de Cuenca estão entre os maiores e melhor conservados da Península Ibérica (MONERO et al., 2010).

Espécies como Acer monpessulanum L., Sorbus aria (L.) Crantz e Quercus humilis Mill. também podem ser observadas na área. No estrato arbustivo encontramos Amelanchier ovalis Medik., Prunus mahaleb L., Buxus sempervirens L. e Rhamnus saxatilis (Host.) Sibth & Sm. As espécies herbáceas incluem as orquídeas Cephalanthera rubra (L.) Rich., C. damasonium (Mill.) Druce, C. longifolia (L.) Fritsch e Orchis morio L., bem como exemplares de Lathyrus filiformis (Lam.) Gay, Hepatica nobilis L., Tanacetum corymbosum (L.) Sch. Bip., Geranium sanguineum L. e Helleborus foetidus L. (CERRO & LUCAS, 2007).

Na floresta de pinheiros que constitui a zona de amostragem, ocorreu um incêndio em 21 de agosto de 1991, que afectou 185 hectares de floresta. Na altura da amostragem (dezembro de 2002), algumas árvores ainda tinham a casca queimada, mas a parte superior da copa estava intacta. Não havia folhagem na zona afetada e o solo não apresentava diferenciação de horizontes. A vegetação era constituída principalmente por Pinus nigra e Quercus ilex, cuja regeneração é lenta. Havia também exemplares de Thymus vulgaris L., Satureja intricada Lange em Vidensk, Salvia lavandulifolia Vahl, Aphyllantes monspeliensis L. e Fumana ericoides (Cav.) Gand. em Magnier (CERRO & LUCAS, 2007).

CLIMATOLOGIA

O clima da Serranía caracteriza-se pelo seu tipo mediterrânico, moderado pela altitude e pelo efeito orográfico do seu relevo, que a expõe a ventos húmidos de oeste. Apresenta também um certo carácter continental. A precipitação atinge o seu máximo no outono, sendo novembro o mês mais chuvoso. As temperaturas são mais frias no inverno, enquanto que o verão não é excessivamente quente, sendo julho o mês mais quente (DOMÍNGUEZ-FONTANA, 2011). A temperatura média anual é de 11,5°C, e a precipitação é de 583 mm, com uma precipitação média estival de 96 mm (RIVAS-MARTÍNEZ, 1987).

4. MATERIAL E MÉTODOS

4.1 RECOLHA DE AMOSTRAS

A amostragem foi efectuada entre 14 e 15 de dezembro de 2002, pelo que corresponde à amostragem de outono (O). Foram estudadas 30 amostras, das quais 11 pertencem ao solo natural (N), 14 correspondem a amostras de solo ardido (I) e 5 à zona de bordadura (B). Foram selecionadas três parcelas separadas por pelo menos 50 m: uma em floresta natural (N), uma em floresta ardida (I) e uma numa zona de transição ou de borda (B). Em cada parcela, foram recolhidas 6 amostras dos diferentes tipos de solo (natural, ardido e de bordadura). Para o efeito, foram localizadas as árvores ou cepos que permaneceram na zona após o incêndio e a zona de extração foi estabelecida a uma distância de 2 metros do pé. Em cada ponto foi recolhida uma amostra de folhada (H), quando presente, uma à superfície (S) e outra em profundidade (P). Quando se encontrava musgo na área natural, este era removido por amostragem. As amostras foram recolhidas numa superfície de 10x10 cm e contêm um volume de 500 cc de material. Em seguida, foram numeradas de 1 a 6 e as temperaturas ambiente e do solo foram medidas com um termómetro.

4.2 EXTRACÇÃO, PREPARAÇÃO E IDENTIFICAÇÃO DE ESPÉCIMES

A extração dos espécimes foi realizada utilizando o sistema Berlese-Tüllgren. A amostra de solo foi colocada num crivo sobre um funil, sobre o qual se manteve uma luz permanente durante 15 dias. A fauna edáfica tende a fugir da luz e da secura, pois vive em um ambiente escuro e úmido, por isso passa pela peneira e desce pelo funil até cair em um recipiente com álcool 70%, que atua como conservante (BARRIENTOS, 2004) **(figura 3).** Em seguida, a fauna foi separada da amostra com o auxílio de um pincel e uma lupa binocular Olympus a 150X. Os exemplares separados por ordens e colocados em tubos com álcool a 70% foram etiquetados de forma a serem preservados para futuros estudos taxonómicos.

Para a preparação dos colêmbolos, é necessário mergulhá-los previamente em ácido lático durante pelo menos uma semana. Este composto amolece os tecidos e a musculatura e, ao mesmo tempo, limpa a cutícula do animal, facilitando a observação das estruturas necessárias para a identificação ao nível da espécie (PALACIOS-VARGAS & MEJÍA, 2007).

Figura 3. Aparelho com funis do sistema Berlese-Tullgren para a extração da fauna do solo.

Os espécimes foram depois montados em preparações semi-permanentes utilizando o líquido de montagem de Höyer (H_2O destilado, hidrato de cloral, glicerina e goma-arábica). Para a identificação, foi utilizado um microscópio de contraste de fase com ampliações de 400 e 1000, uma vez que muitos dos caracteres e estruturas básicos não são visíveis com ampliações inferiores. Para a identificação taxonómica são utilizados manuais e chaves dicotómicas

(BARRIENTOS, 2004; DINDAL, 1990; JORDANA & ARBEA, 1989; JORDANA et al., 1997; POTAPOW, 2001), bem como literatura especializada.

4.3 ANÁLISE DE DADOS

4.3.1 ÍNDICES DE DIVERSIDADE

A fim de efetuar um estudo comparativo das comunidades de colêmbolos presentes nos diferentes níveis do solo de todos os locais amostrados, tanto na floresta natural como na floresta queimada, foram utilizados diferentes índices de diversidade adequados a estudos específicos.

Índice de Shannon-Wiener ($H = -\Sigma pi - \ln pi$). É uma medida utilizada para avaliar a biodiversidade específica, pois tem em conta tanto o número de espécies como a sua abundância relativa numa comunidade. Fornece informações sobre a heterogeneidade da comunidade e o grau de incerteza associado à seleção aleatória dos indivíduos (PLA, 2006).Os valores do índice de Shannon-Wiener variam entre zero, quando apenas uma espécie está presente, e o logaritmo do número de espécies, quando todos os grupos são representados pelo mesmo número de indivíduos (MAGURRAN, 1988; MORENO 2000). Quando o índice é próximo de zero, indica que uma comunidade tem baixa diversidade e uma espécie predomina sobre as demais, enquanto que, à medida que o índice se aproxima do logaritmo do número de espécies, a comunidade é mais diversa e todas as espécies estão igualmente presentes.

Riqueza específica ($Hmax = \ln S$). Fornece uma medida baseada apenas no número de espécies presentes numa amostra. Quanto mais elevado for o valor de Hmax, mais elevada é a riqueza específica. A diversidade máxima é atingida quando todas as espécies estão igualmente representadas. No entanto, este índice não tem em conta a importância relativa de cada espécie (PLA, 2006).

Índice de equidade de Pielou ($J = H/Hmax$). Trata-se de uma medida que indica o rácio entre a diversidade observada e a diversidade máxima esperada. O valor do índice varia entre 0 e 1. Um valor de 1 indica que todas as espécies presentes na amostra são igualmente abundantes, o que significa que todas as espécies presentes na amostra são igualmente abundantes. implica uma distribuição perfeitamente igual. Este cenário é alcançado quando todas as espécies têm o mesmo número de indivíduos (MAGURRAN, 1988; MORENO 2000).

Índice de dominância de Simpson ($\lambda = \Sigma pi2$). Medida que fornece informação sobre a probabilidade de dois indivíduos selecionados ao acaso serem da mesma espécie. É inversamente proporcional à equidade e é influenciada pela importância das espécies dominantes (MAGURRAN, 1988; MORENO 2000). Um valor de 1 indica baixa diversidade e alta dominância, enquanto que à medida que o índice aumenta, a diversidade diminui.

4.3.2 ANÁLISE MULTIVARIADA

Com todos os dados obtidos, procedeu-se a uma série de análises estatísticas multivariadas utilizando o pacote estatístico SPSS 28.0. Os três tipos de análise foram efectuados com os diferentes grupos de fauna edáfica separados, e depois com as diferentes espécies de colêmbolos.

Índice de Correlação de Spearman. O coeficiente mede o grau de relação ou associação que normalmente existe entre duas variáveis aleatórias (RESTREPO & GONZÁLEZ, 2007). É utilizado quando se trata da análise de variáveis que têm uma natureza quantitativa discreta e/ou são hierárquicas (SALINAS, 2007).

Análise de componentes principais. Trata-se de uma técnica estatístico-algébrica de redução do número de variáveis, que procura resumir e organizar a informação presente numa matriz de dados. O processo envolve a transformação da matriz de dados num espaço vetorial, onde se procuram eixos ou dimensões que sejam uma combinação linear das variáveis introduzidas (COLINA & ROLDÁN, 1991).

Análise Discriminante. É utilizada para classificar corretamente sujeitos ou objetos e ajuda a identificar as variáveis mais relevantes para uma classificação precisa (TORRADO & BERLANGA, 2013). As variáveis que foram tomadas como variáveis de agrupamento são: o estado do ecossistema (natural/queimado/borda), e a estação do ano (outono/inverno) apenas para o estudo da fauna edáfica.

5. RESULTADOS DO ESTUDO DA FAUNA DO SOLO

5.1 LEVANTAMENTO FAUNÍSTICO

No total, foram encontrados 11812 indivíduos pertencentes a 21 grupos taxonómicos diferentes, cuja distribuição, de acordo com a zona em que a amostra foi recolhida, pode ser vista nos quadros **1, 2 e 3 em anexo.**

Esta secção analisa as caraterísticas biológicas e ecológicas mais representativas dos grupos classificados.

FILO ARTHROPODA

Subfilo Chelicerata

Ordem Acari. É um dos grupos mais representativos e abundantes da fauna edáfica. A sua diversidade específica é elevada devido à grande variabilidade de formas de vida que apresentam e às diferentes condições ambientais em que podem sobreviver. Por isso, podem ser utilizados como bioindicadores de perturbação do ecossistema (SOCARRAS, 2013).

A subordem **Oribatidae** (Cryptostigmata) é um dos grupos mais comuns encontrados em horizontes orgânicos na maioria das regiões do mundo. Estes ácaros são mais abundantes em solos florestais pouco perturbados pela atividade humana, geralmente com um pH baixo (PETERSEN, 2002; ARROYO et al., 2003). Contribuem para a decomposição da matéria orgânica, fragmentando-a e facilitando a ação dos microrganismos (SOCARRAS, 2013). Algumas espécies migram em direção à folhagem ou ao nível de fermentação no inverno e se distribuem em grupos dependendo da quantidade de nutrientes disponíveis (DINDAL, 1990).

Ordem Pseudoscorpionida. São animais predadores que regulam as populações da microfauna e mesofauna do solo, alimentando-se de ácaros e colêmbolos, entre outros (PARISI, 1979). Vivem em diversos ambientes, geralmente húmicos, como sob a casca de árvores, em fungos, em musgos e folhiço, em fendas do solo e rochas (BARRIENTOS, 2004; VILLEGAS-GUZMÁN & PÉREZ, 2005).

Subfilo Hexapoda

Ordem Coleoptera. É a ordem com o maior número de espécies no reino animal, e com uma grande diversidade morfológica (CROWSON, 1981). Inclui espécies aquáticas e terrestres. Estas últimas habitam geralmente árvores, arbustos, gramíneas, musgos ou líquenes. As suas fontes de alimentação são muito diversas: plantas, matéria orgânica em decomposição ou outras espécies. Algumas são pragas, sendo as larvas as que causam mais danos nas culturas, e outras estabelecem relações de ectossimbiose com fungos, ácaros e nemátodos (ALONSO-ZARAZAGA, 2015). Foram encontrados tanto indivíduos adultos como exemplares de larvas.

Ordem Collembola. São o grupo mais numeroso da edafofauna, juntamente com os ácaros. Alimentam-se de resíduos vegetais e matéria orgânica em decomposição (RICHARDS & DAVIES, 1984), pelo que desempenham um papel crucial na reciclagem de nutrientes e favorecem a decomposição bacteriana e fúngica (LUCIÁÑEZ & INIESTO, 2006). Podem também alimentar-se de fungos patogénicos, reduzindo as suas populações e favorecendo o crescimento das plantas (SOCARRAS, 2013). Encontram-se geralmente entre a folhagem no solo ou sob a casca das árvores, e a sua população aumenta com as temperaturas frias (DINDAL, 1990). Consequentemente, desenvolveram várias estratégias, incluindo a ecomorfose e a ciclomorfose, para se adaptarem a extremos de temperatura e humidade, bem como a variações sazonais (CUTZ-POOL et al., 2003; ARBEA & BLASCO-ZUMETA, 2001). Como requerem condições muito específicas de temperatura, umidade e pH, podem ser utilizadas como indicadores da qualidade ambiental do solo e podem revelar informações sobre a evolução dos ecossistemas sob diferentes graus de perturbação (SOCARRAS, 2013).

Ordem Dermaptera. São animais omnívoros, embora algumas espécies possam ser predadoras. Podem ser encontrados durante todo o ano, dependendo do clima, embora sejam mais frequentes nos meses de junho e setembro (HERRERA, 2015).

Ordem Diptera. São animais cosmopolitas que podem ser encontrados tanto em habitats terrestres quanto em água doce, sendo um dos grupos mais ecologicamente diversos (HJORTH-ANDERSEN, 2015). A dieta de larvas e adultos, bem como o ambiente em que vivem, é altamente variável. Tal como na ordem Coleoptera, tanto os adultos como as larvas estão presentes nas amostras estudadas.

Ordem Embioptera. Os seus tarsos anteriores modificados, equipados com glândulas produtoras de seda, permitem-lhes criar galerias de seda que servem de abrigo às fêmeas que permanecem junto dos ovos e das ninfas. Alguns estudos sugerem que os machos adultos não se alimentam, enquanto as ninfas e as fêmeas se alimentam de folhagem, casca de árvore, líquenes ou musgos (TORRALBA-BURRIAL, 2015).

Ordem Hemiptera. É a mais extensa ordem de insectos paquimetamórficos. A maioria é fitófaga, mas pode haver espécies predadoras (CHANDRA, 2008). Habitam folhiço, pedras ou fendas no substrato e contribuem para a fragmentação da camada orgânica cavando túneis, fragmentando folhas ou sugando raízes (ALVARADO & SELGA, 1961; GOULA & MATA, 2015).

Ordem Hymenoptera. Uma ordem muito diversificada com espécies tanto fitófagas como predadoras ou parasitas (PUJADE-VILLAR & FERNÁNDEZ GUYABO, 2004). A maioria dos espécimes encontrados pertencia à família

Formicidae, as formigas, que constituem um elo muito importante no ecossistema do solo, sendo muitas espécies capazes de selecionar determinadas condições de temperatura e humidade (RUIZ, 1999), podendo também ser utilizadas como bioindicadores da qualidade do solo dada a sua importância na promoção de processos essenciais do solo para a sua formação e na prevenção da sua degradação (DORAN et al., 1994).

Ordem Protura. Animais cosmopolitas e exclusivamente edáficos. Vivem em zonas ricas em matéria orgânica e com elevada humidade, nos estratos mais profundos, pelo que não costumam estar expostos à alteração dos estratos superiores (DINDAL, 1990; BARRIENTOS, 2004; SOCARRÁS, 2013). Alguns destes animais podem alimentar-se de micorrizas.

Ordem Psocoptera. Habitam folhiço, troncos de árvores, matéria orgânica do solo, fungos e liquens, que constituem basicamente sua dieta (RICHARDS & DAVIES, 1984). São abundantes em condições de seca e são pioneiros na recolonização de áreas perturbadas ou em processo de perturbação, indicando uma progressiva recuperação do solo (SOCARRAS, 2013).

Ordem Thysanoptera. Habitam a vegetação, a casca das árvores ou os restos de plantas em decomposição. As espécies predadoras regulam as populações naturais tanto de Thysanoptera como de outras ordens (MCGAVIN, 2001), embora também se possam encontrar espécies que se alimentam de folhas, pólen ou seiva de tecidos vegetais vivos (RICHARDS & DAVIES, 1984). Algumas espécies atuam como polinizadores, movendo-se dentro da própria planta, entre plantas adjacentes ou sendo transportadas pelo vento para outra planta (GOLDARAZENA, 2015).

Subfilo Myriapoda

Classe Chilopoda. São animais predadores que residem no solo em locais escuros, como debaixo de folhas, troncos caídos ou rochas. Nas amostras analisadas, apenas foram encontrados indivíduos da ordem **Geophilomorpha.**

escavadores e maioritariamente carnívoros, embora a sua dieta possa incluir também vegetação (VOIGTLANDER, 2001).

Classe Pauropoda. São animais raros, pois não toleram grandes variações ambientais e são muito sensíveis às práticas agrícolas (SOCARRAS, 2013). Podem ser encontrados em troncos de árvores, folhiço, musgos ou sob pedras, em locais com temperatura e umidade estáveis (SCHELLER, 1990). Alimentam-se de detritos orgânicos (**figura 4**).

Figura 4. Morfotipo de um Pauuropode (imagem da esquerda). Morfotipo de um Sínfilo (direita). Note-se a morfologia euédrica de ambos os grupos, caraterística de solos profundos (Pauuropod: retirado de inaturalist.org. Even Dankowicz (alguns direitos reservados) (Symphylum: retirado de https://encyclopediaofarkansas.net/)

Classe Symphyla. Alimentam-se de matéria orgânica em decomposição, pelo que desempenham um papel muito importante no ecossistema do solo, embora alguns sejam fitófagos e possam ser considerados pragas para as culturas (DINDAL, 1990). Estes animais têm um corpo frágil, pelo que por vezes utilizam galerias e túneis construídos por outros animais, e vivem em húmus, solo, folhagem, musgo ou madeira em decomposição.

Classe Diplopoda. Neste estudo foram identificados espécimes de duas ordens: **Julida** e **Polyxenida**. Os Julida são herbívoros e são comumente encontrados em áreas com alta umidade, sob pedras, troncos e folhas, onde contribuem para a fragmentação de restos vegetais (BARRIENTOS, 2004). Os Polyxenida também são fitófagos, mas são mais comuns em ambientes secos, sob cascas de árvores e pedras (WRIGHT & WESTH, 2006).

PHILO ANNELIDA

Subclasse Oligochaeta. Estes animais desempenham um papel fundamental no ecossistema do solo, uma vez que melhoram a sua fertilidade, modificando as caraterísticas físicas, químicas e biológicas, alterando a textura e participando na decomposição da matéria orgânica e na regulação dos ciclos biogeoquímicos (EGERT et al., 2004). Graças à sua atividade, arejam o substrato e favorecem a entrada de água.

FILO NEMATODA

Estes organismos são consumidores de microflora ou saprófitas, que influenciam a decomposição e a libertação de nutrientes (NAVIA et al., 2006). É o filo mais abundante da fauna edáfica (ZANCADA & SÁNCHEZ, 1994), no entanto, só foram encontrados 3 exemplares porque o funil de Berlese **(figura 3)** recolhe principalmente exemplares que vivem do oxigénio do ar do solo e não da água, como este grupo de animais.

5.2 ANÁLISE NUMÉRICA DOS GRUPOS DE FAUNA DO SOLO

Foram analisados os 11812 espécimes correspondentes às 30 amostras de outono. Destes, 7497 indivíduos correspondem a 17 grupos taxonómicos diferentes recolhidos no solo natural, constituindo 63,47% do total. No solo queimado, obtiveram-se 2375 exemplares de 14 grupos taxonómicos, o que equivale a 20,11% do total, e na orla ou zona de transição, foram estudados 1940 exemplares pertencentes a 12 grupos taxonómicos, o que representa 16,42%. Os ácaros são o grupo mais numeroso, representando 80,63% do total, e os colêmbolos representam 17,08%, pelo que, em conjunto, representam 97,71% do total de espécimes encontrados. **A figura 5** mostra as contagens de ácaros, colêmbolos e outros animais de acordo com os diferentes tipos de floresta (natural, de fogo ou de orla).

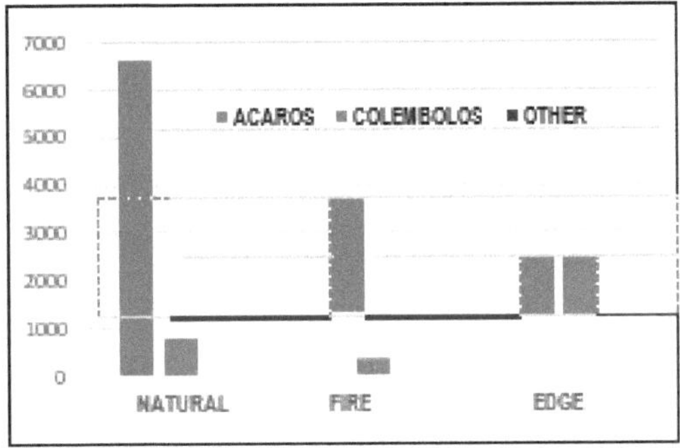

Figura 5. Representação do número de ácaros, colêmbolos e outros grupos taxonómicos em função do tipo de floresta (natural, fogo ou bordadura).

Pode observar-se que, enquanto na floresta natural os ácaros dominam notavelmente, na zona de transição as comunidades de ácaros e de colêmbolos são praticamente iguais em abundância. Os restantes grupos taxonómicos são observados principalmente nas amostras de solo natural e ardido, sendo ligeiramente superiores na área ardida.

A Figura 6 mostra a contagem de espécimes para cada grupo taxonómico, excluindo ácaros e colêmbolos. Os Paurópodes destacam-se como a ordem mais abundante, representando 27,61% do total, sendo mais abundantes no solo queimado. Os grupos seguintes mais numerosos são as larvas de Diptera (19,03%) e Coleoptera (9,33%) e os symphylans (12,69%).

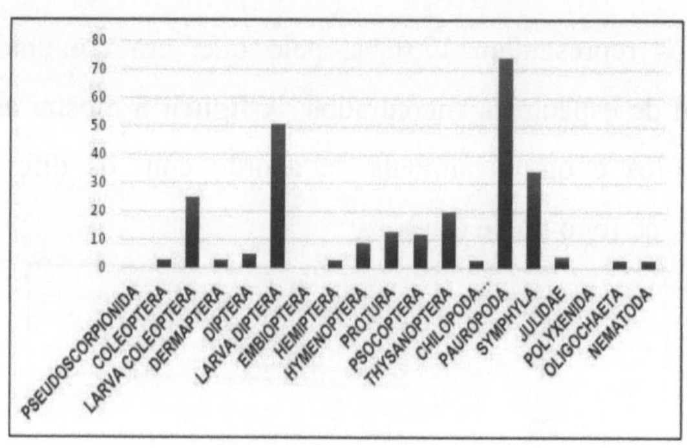

Figura 6. Número total de espécimes por grupos faunísticos encontrados.

5.3 ANÁLISE ESTATÍSTICA DOS GRUPOS DE FAUNA DO SOLO

5.3.1 ÍNDICE DE CORRELAÇÃO DE SPEARMAN

A lista das correlações significativas obtidas após a análise de correlação de Spearman entre os diferentes grupos faunísticos amostrados no outono encontra-se **no quadro 4 do anexo**. Embora todas as correlações significativas estejam representadas, é de salientar o valor entre pseudoscorpiões e polixenídeos (1), entre colêmbolos e psocópteros (0,51) e a correlação negativa entre ácaros e quilópodes (-0,388). A temperatura não apresenta correlação significativa com nenhum grupo da edafofauna.

5.3.2 ANÁLISE DE COMPONENTES PRINCIPAIS

A figura 7 mostra a representação gráfica da análise de componentes principais para a fauna do solo. O primeiro componente, representado no eixo X, absorve 15,99% da variância, e o segundo, no eixo Y, 11,37%. A extração total acumulada dos 4 primeiros componentes foi de 46,72%. O gráfico mostra a distribuição dos grupos faunísticos segundo a sua presença e abundância na floresta natural, na orla e na área ardida. Observa-se que na região positiva do eixo X estão as ordens mais abundantes na floresta queimada, como os symphylans e pauropods. Os organismos da floresta natural, como os colêmbolos ou os ácaros, distribuem-se sobretudo na região negativa dos dois eixos. Os indivíduos mais abundantes na orla ou na zona de transição, como os psocópteros ou os quilópodes, encontram-se perto do eixo, na região negativa do eixo X.

5.3.3 ANÁLISE DISCRIMINANTE

A análise discriminante utiliza a condição do solo (natural, borda ou fogo) como variável de agrupamento e seleciona vários grupos de fauna discriminante: colêmbolos, paurópodes, ácaros e oligoquetas. Os três primeiros são obtidos como discriminantes devido à sua maior abundância no solo ardido em relação aos outros grupos faunísticos. Os rabos-de-mola e os ácaros são dominantes, com algumas excepções, em qualquer solo. Os oligoquetas são selecionados como um grupo caraterístico da zona de transição.

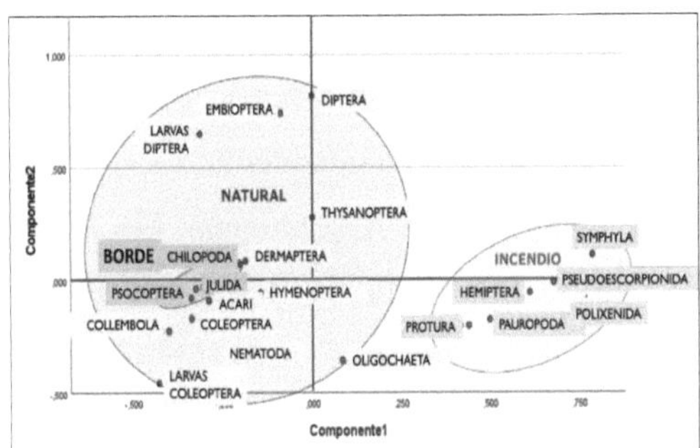

Figura 7. Representação gráfica da análise de componentes principais da fauna do solo da amostragem de outono para os dois primeiros componentes.

ESTUDO DA FAUNA DE COLÊMBOLOS

5.4. ESTUDO DAS COMUNIDADES DE COLÊMBOLOS

Foi recolhido um total de 2110 colêmbolos pertencentes a 11 famílias e 33 espécies. Destes, 833 exemplares de 20 espécies pertencem à floresta natural, 350 de 20 espécies à floresta ardida e 927 exemplares de 19 espécies à zona de transição entre as duas. **Os quadros 5, 6 e 7 em anexo** mostram a abundância das espécies em cada uma das amostras estudadas.

5.4.1 LEVANTAMENTO FAUNÍSTICO

Devido à grande adaptação das espécies de colêmbolos ao habitat em que vivem, é útil fazer uma breve sinopse sistemática das espécies encontradas, comentando brevemente a sua ecologia e distribuição.

FAMÍLIA HYPOGASTRURIDAE (BÖRNER, 1906)

Ceratophysella tergilobata (Cassagnau, 1954)

Espécie hemiedáfica pouco frequente mas recolhida numa grande variedade de florestas, desde azinheiras e zimbros até eucaliptos (LUCIÁÑEZ & INIESTO, 2006). Encontra-se como espécie dominante em pinhais de P. pinaster Aiton, na Serra de Gredos. Adapta-se facilmente a condições de seca extrema, desenvolvendo estruturas cuticulares protectoras (JORDANA et al., 1997). É também considerada uma trogloxena mediterrânica (ARBEA et al., 2021). Encontrada na Europa e em parte da Ásia Oriental. Em Espanha, foi até agora registada em Tamajón (SIMÓN, 1985), Fuentelahiguera (LUCIÁÑEZ & SIMÓN, 1987), Navarra (ARDANAZ & JORDANA, 1983), Arenas de San Pedro em Gredos (LUCIÁÑEZ & INIESTO, 2006) e Andaluzia.

Hypogastrura purpurescens (Lubbock, 1868)

Espécie com uma ampla distribuição e uma ecologia omnipresente. Foi encontrada sob cascas, troncos, pastagens, solos cultivados, pinhais, carvalhais e em folhada. Foi encontrada em ambientes cavernícolas (ARBEA et al., 2021). Tem uma distribuição cosmopolita.

Microgastrura duodecimoculata Stach, 1922

É uma espécie hemiáfica, embora possa penetrar profundamente no substrato e esteja também adaptada ao ambiente cavernícola. Encontra-se em florestas de várias árvores, como cedros, pinheiros ou sobreiros, bem como em solos com húmus e folhagem (LUCIÁÑEZ & SIMÓN, 1989). Distribui-se por toda a Europa.

Xenylla schillei Börner, 1903

Espécie hemiáfica que tende a ser encontrada nas camadas superficiais do solo, bem como em musgos de prados e florestas decíduas (JORDANA et al., 1990). É típica de ambientes abertos. A espécie foi encontrada no centro e no sul da Europa. Está amplamente distribuída na Península Ibérica (JORDANA et al., 1997).

Xenyllogastrura octoculata (Steiner, 1955)

Abundante em solos, musgos e líquenes, tanto em florestas, especialmente em pinhais, como em prados. É uma espécie euedáfica associada a solos calcários e a um ambiente mediterrânico (JORDANA et al., 1990). Pode ser encontrada no solo, nos musgos ou nos líquenes das florestas e dos prados. Espécie com uma distribuição sul-europeia e mediterrânica. Na Península Ibérica, encontra-se na metade norte, sendo a sua localidade-tipo Aranjuez.

FAMÍLIA BRACHYSTOMELLIDAE STACH, 1949

Brachystomella parvula (Schäffer, 1896)

Vive em zonas húmidas e espaços abertos, pinhais jovens e florestas desbravadas (LUCIAÑEZ, 1990). É uma espécie que resiste bem à secura (GAMA et al., 1989) e pode sobreviver durante longos períodos de tempo em estado de anidrobiose (ARBEA & BLASCO-ZUMETA, 2001). Pode ser encontrada acidentalmente em cavernas (ARBEA et al., 2021), sendo uma espécie cosmopolita.

FAMÍLIA NEANURIDAE (BÖRNER, 1901)

Friesea steineri Simon, 1975

Foi encontrada na folhagem de carvalhais, em savanas, prados de tomilho e gramíneas, azinheiras e estevas em montados.

Espécie endémica da Península Ibérica, na sua região central e sul (JORDANA et al., 1997).

Bilobella aurantiaca (Caroli, 1912)

Espécie presente em vários tipos de floresta, preferindo zonas pouco húmidas e capaz de suportar períodos de seca. Pode ser encontrada em musgos, folhagem e solo de povoamentos florestais que incluem pinheiros, azinheiras ou sobreiros, entre outros (DALLAI, 1973; JORDANA et al., 1997). Tem uma distribuição paleártica e mediterrânica.

Micranurida pygmaea Börner, 1901

Espécie holárctica encontrada em localidades de baixa montanha associadas a florestas de pinheiros. RUSEK (1998) e JORDANA et al. (1997) citam-na de ambientes florestais ácidos. Distribui-se principalmente no norte e centro da Península Ibérica, embora também tenha sido encontrada nas Ilhas Baleares.

Pseudachorudina sp.

Não foi possível chegar a um nível de espécie, uma vez que se trata de um exemplar jovem que ainda não desenvolveu as estruturas necessárias para a sua identificação.

Pseudachorutes parvulus Börner, 1901

Habita as camadas superficiais da folhagem (POTAPOW et al., 2016), musgos, líquenes e debaixo da casca. Tem a capacidade de sobreviver num estado de anidrobiose (ARBEA & BLASCO-ZUMETA, 2001), pelo que se adapta às condições extremas dos biótopos. A sua distribuição é cosmopolita.

Simonachorutes romeroi (Simon, 1986)

Foi encontrada associada à folhada de florestas de Juniperus thurifera, e a matos de Genista scorpius, Echinospartum horridum e Buxus sempervirens. É uma espécie de distribuição ibérica.

FAMÍLIA ODONTELLIDAE MASSOUD, 1967

Odontellina nivalis (Cassagnau, 1959)

É um animal euedófago, embora a morfologia das suas peças bucais estiliformes permita outro tipo de alimentação por sucção (ARBEA, 1988). A sua distribuição é mediterrânica e europeia.

Superodontella selgae (Arbea, 1990)

Foi encontrada em folhagem e húmus de charneca, fetos e bosques de larício. É uma espécie ibérica, distribuída na metade norte de Espanha.

FAMÍLIA ONYCHIURIDAE BÖRNER, 1901

Protaphorura armata (Tullberg, 1869)

Espécie euedáfica, presente tanto em prados como em povoamentos florestais. Possivelmente de distribuição cosmopolita.

FAMÍLIA TULLBERGIIDAE BAGNALL, 1935

Mesaphorura macrochaeta Rusek, 1976

É uma espécie euédrica e cosmopolita (**figura 8**). Habita solos ácidos com pouca atividade biológica, prados secos, florestas de coníferas e carvalhos ou zonas alpinas (LUCIÁÑEZ & INIESTO, 2006). É considerada troglófila

(ARBEA et al., 2021). A sua distribuição é possivelmente cosmopolita. Na Península Ibérica pode ser encontrada em quase todas as regiões.

Wankeliella medialis Simón & Jordana, 1994

Espécie euedáfica, habitando solos podzólicos profundos em clareiras de florestas de faias. Trata-se de uma espécie endémica da Península Ibérica, sendo este o segundo registo após a descrição na Serra de Urbasa, em Navarra.

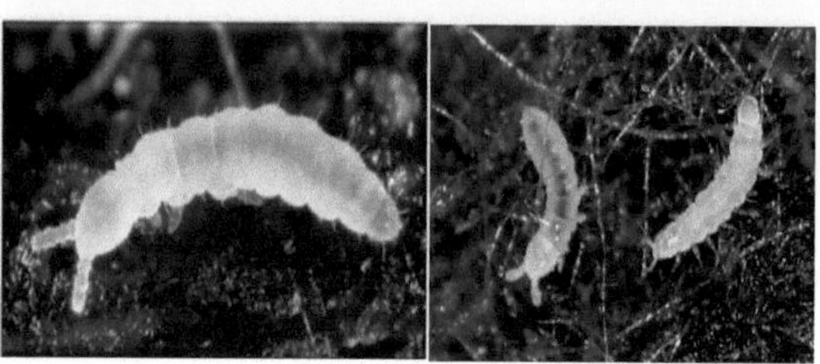

Figura 8. Morfotipo de Mesaphorura macrochaeta (imagem da esquerda). À direita, indivíduo da família Onychiuridae junto a um Pauuropode (retirado de bugguide.net. Copyright212 Josh D. Kouri).

FAMÍLIA ENTOMOBRYIDAE SCHAËFER, 1896

Entomobrya multifasciata (Tullberg, 1871)

Espécie mesófila, hemi-dáfica e atmóbia. É uma espécie rara encontrada na vegetação nativa, sendo por isso frequente em pastagens e solos perturbados (FJELLBERG, 2007). A espécie tem uma distribuição cosmopolita.

Entomobrya nicoleti (Lubbock, 1868)

Vive na folhagem e no chão da floresta. Distribuição paleártica, embora possivelmente mais disseminada (FJELLBERG, 2007).

Lepidocyrtus lusitanicus Gama, 1964

Ocorre normalmente em florestas de cedro, eucalipto, acácia, pinheiro, piretro e sobre musgo (LUCIÁÑEZ & SIMÓN, 1989). Os espécimes vivem em vegetação herbácea ou no solo. Podem habitar vários tipos de vegetação herbácea de floresta ou de praia, e uma amplitude altitudinal muito grande (desde o nível do mar até 1800 metros acima do nível do mar) MATEOS, 2008). A sua distribuição é restrita à Península Ibérica.

Pseudosinella sp.

O género é euédrico. O exemplar encontrado poderia ser uma nova espécie (tem 4+4 olhos). É juvenil e, portanto, certas estruturas necessárias para a identificação não se desenvolveram.

FAMÍLIA ORCHESELLIDAE BÖRNER, 1906

Heteromurus major (Moniez, 1889)

Têm uma tendência troglófila e podem, por isso, ser encontrados debaixo de pedras ou de folhagem, e tendem a habitar florestas de diferentes espécies. Parece ser encontrado com mais frequência em florestas de fagáceas (LUCIÁÑEZ & SIMÓN, 1989; LUCIÁÑEZ & INIESTO, 2006). Distribui-se por toda a Europa e pela região mediterrânica.

FAMÍLIA ISOTOMIDAE (BÖRNER, 1913)

Ballistura navacerradensis (Selga, 1962)

É uma espécie psamófila. Encontra-se em prados, biótopos costeiros e dunas. Distribuição europeia.

Folsomides parvulus Stach, 1922

Xerófila, embora também tenha sido encontrada em florestas e prados. Pode sobreviver num estado de anidrobiose (ARBEA & BLASCO-ZUMETA, 2001). Distribuição cosmopolita (BABENKO et al., 2019).

Hemisotoma thermophila (Axelson, 1900)

Espécie tolerante a variações ambientais, xerófila, nitrófila e termófila (ARBEA & JORDANA, 1990; ARBEA & BLASCO-ZUMETA, 2001). Habita preferencialmente as camadas superficiais, mas também pode ser observado nos primeiros centímetros do solo. solo mineral (ARBEA & JORDANA, 1990). Segundo FJELLBERG (2007) é abundante em ambientes com alto teor de matéria orgânica (**Figura 9**). Espécie cosmopolita.

Isotoma viridis Bourlet, 1839

Encontrada na folhagem e no solo da floresta, em terras aráveis. Abundante em carvalhais. Espécie holárctica (BABENKO et al., 2019).

Isotomiella minor (Schäffer, 1896)

Espécie euédrica (POTAPOW et al., 2016) e sensível aos poluentes (POTAPOW, 2001). É ácido-fóbica, embora possa habitar biótopos muito diversos (LUCIÁÑEZ & SIMÓN, 1989; RUSEK, 1998). Está também associada ao ambiente cavernícola. É uma espécie cosmopolita.

Isotomodes bisetosus Cassagnau, 1959

Espécie holárctica e euédrica, típica de zonas perturbadas (FJELLBERG, 2007). Foi encontrada na Serra de Guadarrama (LUCIÁÑEZ & SIMÓN, 1991) e em Navarra (JORDANA et al., 1997), entre outras.

Isotomurus sp.

Organismos epígeos, higrófilos ou aquáticos, que podem alimentar-se de algas e sobreviver à dessecação (RUSEK, 1998). Este género é comummente encontrado em prados húmidos, zonas montanhosas, lagos e rios. No entanto, também foi registado em florestas de pinheiros, zimbro e carvalhos (LUCIAÑEZ, 1990). Os exemplares da espécie encontrados são formas juvenis, pelo que não foi possível identificar a espécie.

Parisotoma notabilis (Schäffer, 1896)

Espécie holárctica e hemiarctica que pode viver tanto em condições naturais como em áreas perturbadas (POTAPOW et al., 2016). Tem uma distribuição cosmopolita.

Tetracanthella pilosa Schött, 1891

Vive em musgos sobre rochas e troncos de árvores em zonas de planície e de baixa montanha. Espécie holárctica, europeia, de acordo com POTAPOW (2001) (**figura 9**).

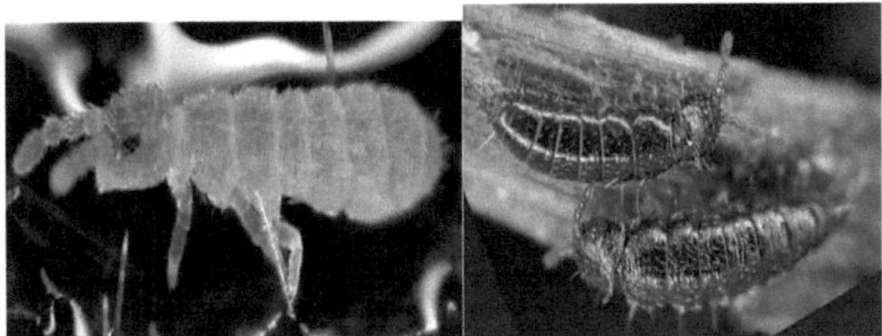

Figura 9. Hemisotoma thermophila (Fonte: collembola.org Garcelon, P.).
Tetracanthella pilosa
(Fonte: collembola.org Huskens, M.L.)

FAMÍLIA NEELIDAE FOLSOM, 1896

Megalothorax minimus Willem, 1900

Espécie cosmopolita, euédrica e troglófica, adaptada a viver nos estratos mais profundos do solo. É típica de solos florestais e foi encontrada na folhagem de coníferas, musgos de florestas de faias, carvalhos e pinheiros (BONNET et al.,

1979).

FAMÍLIA SMINTHURIDIDAE BOERNER, 1906

Sphaeridia pumilis (Krausbauer, 1898)

Espécie hemidecídua e mesófila, habitando tanto o folhiço quanto o solo. Vive em ambientes húmidos, folhiço e chão de floresta, como florestas tropicais, ou em ambientes aquáticos, e sobrevive a períodos de seca na fase de ovo (ARBEA & BLASCO-ZUMETA, 2001; FJELLBERG 2007). Distribuição holártica.

5.4.2 ESTUDO NUMÉRICO

A espécie mais abundante é a Tetracanthella pilosa, que constitui 34,80% do total. É seguida em abundância por Mesaphorura macrochaeta (20,35%) e Ceratophysella tergilobata (11,38%). Estas três espécies representam 66,53% dos indivíduos recolhidos.

A Tabela 1 mostra as espécies mais abundantes (em termos de abundância relativa) em cada um dos ecossistemas estudados.

Tabela 1. Abundância relativa das espécies mais abundantes por tipo de floresta.

Natural		Incêndio		Fronteira	
Espécies	Abundância	Espécies	Abundância	Espécies	Abundância
M. macrochaeta	30,01%	M. macrochaeta	37,71%	T. pilosa	73,62%
C. tergilobata	26,17%	W. medialis	12,00%	H. thermophila	7,35%
P. notabilis	21,49%	P. armata	10,86%	M. macrochaeta	6,92%

A percentagem de cada uma das categorias biogeográficas para as espécies encontradas é apresentada de seguida (**figura 10**). Há um claro predomínio de espécies de ampla distribuição, cosmopolitas, holárcticas e paleárcticas, mas os 19% de espécies endémicas ou ibéricas não são negligenciáveis.

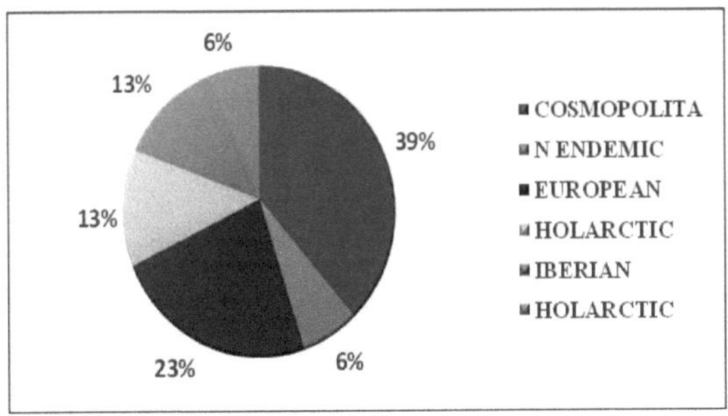

Figura 10. Distribuição biogeográfica das espécies de colêmbolos de acordo com a sua percentagem de ocorrência.

5.5. ÍNDICES DE DIVERSIDADE

Foi efectuado um estudo dos índices de diversidade de colêmbolos em função do tipo de amostra de solo (natural, fogo ou orla). Os resultados obtidos são apresentados na **figura 11.** Verifica-se que a diversidade, medida pelo índice de Shannon-Wienner, é mais elevada na floresta ardida. A riqueza específica apresenta valores muito semelhantes nos três ecossistemas. A uniformidade é mais elevada no solo ardido e os valores do índice de Simpson, que representa a dominância, são mais elevados na zona de transição devido à população abundante de T. pilosa.

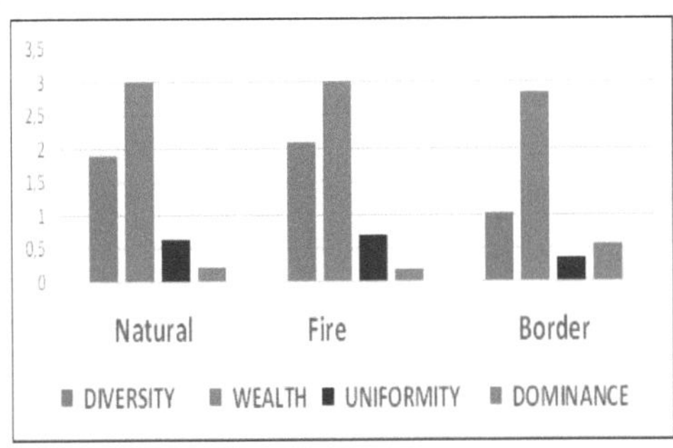

Figura 11. Valores do índice de diversidade em função do tipo de amostra (natural, fogo ou orla).

5.6 ANÁLISE ESTATÍSTICA DAS POPULAÇÕES DE COLÊMBOLOS

5.6.1 ÍNDICE DE CORRELAÇÃO DE SPEARMAN

As correlações significativas obtidas após o cálculo do índice de correlação de Spearman entre as diferentes espécies de colêmbolos encontradas no outono podem ser observadas no **quadro 8 em anexo**. Destaca-se o valor de 1 entre Hypogastrura purpurescens e Entomobrya nicoleti, e entre Xenylla schillei e Superodontella selgae. A razão é a sua presença e abundância comuns nas mesmas amostras. Isotomodes bisetosus com Sphaeridia pumilis e com P. notabilis são os dois pares com correlação negativa.

5.6.2 ANÁLISE DE COMPONENTES PRINCIPAIS

A figura 12 mostra a representação gráfica da análise de componentes principais para as espécies de colêmbolos recolhidas na amostragem de outono. A componente 1 está representada no eixo y (17,2% de variância) e o eixo y que representa a componente 2 absorve 12,01%. A extração total acumulada dos 4 primeiros componentes foi de 48,85%.

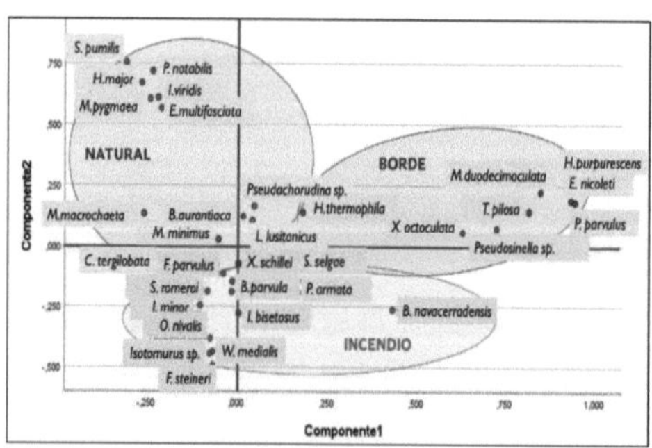

Figura 12. Representação gráfica da análise de componentes principais dos colêmbolos da amostragem de outono para os dois primeiros componentes.

A distribuição das espécies de colêmbolos pode ser observada em três agrupamentos correspondentes às três áreas amostradas, a floresta natural, a zona de transição ou borda e a área queimada. As espécies presentes ou mais abundantes na zona natural, como Mesaphorura macrochaeta ou Isotoma viridis, estão localizadas na região negativa do eixo X e na região positiva do eixo Y. As espécies mais abundantes na zona de transição, como Tetrachantella pilosa ou Hemisotoma thermophila, estão representadas na região positiva do eixo X. As espécies caraterísticas da zona ardida, como Pseudachorutes romeroi ou Isotomodes bisetosus, concentram-se predominantemente na região negativa do eixo Y.

5.6.3 ANÁLISE DISCRIMINANTE

Para esta análise, a variável de agrupamento foi a condição do solo (natural, borda ou queimado). Como variáveis discriminantes foram selecionadas as espécies Pseudachorutes parvulus, Hypogastrura purpurescens, Hemisotoma thermophila e Tetrachantella pilosa, todas caraterísticas da zona de transição. Isotomurus sp. é a espécie selecionada para a área ardida, e Heteromurus major e Sphaedia pumilis são caraterísticas da floresta natural.

6. DISCUSSÃO

Os dados obtidos após as várias análises numéricas e estatísticas mostram que o fogo afecta gravemente a biota do solo. Todos os grupos taxonómicos foram reduzidos em número após um impacto padronizado do fogo. Isto confirma numerosas observações de campo (GONGALSKY et al., 2012) onde se pode afirmar que o tipo de solo amostrado, mesmo dentro de um incêndio, afecta a distribuição e a abundância da fauna edáfica e das comunidades de colêmbolos. Observa-se uma diminuição considerável no número de indivíduos presentes na área queimada em comparação com a floresta natural. No entanto, a zona de borda não segue o padrão esperado, pois apresenta um número menor de ácaros e outros organismos edáficos do que o solo queimado, mas um número maior de colêmbolos do que o solo natural. Este facto já foi citado na literatura. O estudo de SUHADI et al. (2020) mostra uma maior riqueza e diversidade de colêmbolos na zona de transição entre a zona natural e a zona ardida.

No solo queimado existe uma camada muito mais baixa de vegetação e matéria orgânica do que nas florestas naturais. Esta camada desempenha um papel fundamental na proteção térmica e hídrica do ecossistema do solo e a sua redução poderia explicar a diminuição do número de organismos no solo queimado (LUCIÁÑEZ & INIESTO, 2006). O desaparecimento da folhagem também faz com que muitos organismos se refugiem nas camadas mais profundas do solo, o que leva a uma predominância de organismos euédricos. No que diz respeito à zona de borda, é possível que tanto os ácaros como alguns organismos edáficos se tenham deslocado para a zona de floresta natural em busca de condições ambientais mais estáveis. Por outro lado, os colêmbolos podem ter migrado para a zona de transição devido a uma menor concorrência e a uma maior disponibilidade de recursos do que na zona natural. Além disso, algumas espécies têm certas adaptações que lhes permitem sobreviver ou recuperar mais rapidamente após um incêndio. Os resultados do estudo confirmam que os ácaros e os colêmbolos são os grupos mais abundantes no solo (TEUBEN & SMIDT, 1992). Os paurópodes são o terceiro grupo faunístico mais representativo que, juntamente com os sifilídeos, predominam no solo ardido. São organismos euedáficos que resistem às condições de altas temperaturas produzidas pelos incêndios e colonizam os habitats abandonados por outras espécies que não sobrevivem nestas condições. É por isso que são considerados indicadores de perturbação do solo. Na floresta natural, destacam-se as larvas de Diptera e Coleoptera, cuja abundância total é também muito elevada. As larvas de Diptera preferem ambientes húmidos com elevada concentração de matéria orgânica (DINDAL, 1990), e muitas larvas de Coleoptera são fitófagas e podem encontrar mais produtos vegetais no solo natural. Por outro lado, os grupos mais representativos na orla são os psocópteros e os julídeos, embora a sua abundância seja muito menor.

No estudo da fauna de colêmbolos, a análise dos índices de diversidade revela que há maior diversidade no solo queimado, e a riqueza de espécies é a mesma tanto na floresta queimada como na natural. Estes resultados podem estar relacionados com as afirmações de outros autores que observaram uma recuperação progressiva das espécies de colêmbolos em solos queimados ao longo do tempo (LUCIÁÑEZ & INIESTO, 2006). Por outro lado, a uniformidade é ligeiramente maior no solo queimado e a dominância na borda. Tal como nos resultados obtidos no estudo geral da fauna edáfica, destaca-se a elevada correlação obtida com o Spearman, especialmente a de Isotomodes bisetosus com Sphaeridia pumilis e Parisotoma notabilis. Estas espécies podem viver tanto em condições naturais como em áreas degradadas, pelo que se adaptam bem a quase todos os tipos de habitat (FJELLBERG 2007; POTAPOW et al., 2016). É de salientar que tanto Sphaeridia pumilis como Parisotoma notabilis são espécies hemi-dáficas enquanto Isotomodes bisetosus é uma espécie euédrica, pelo que não irão competir pelos mesmos recursos. Em relação à abundância e frequência das espécies presentes, bem como às análises discriminantes, foram identificados diferentes conjuntos de espécies caraterísticos dos ecossistemas estudados. Espécies como Heteromurus major ou Sphaedia pumilis predominam no solo natural devido à sua preferência por áreas com condições ambientais relativamente húmidas (ARBEA & BLASCO-ZUMETA, 2001). Isotomurus sp. encontra-se maioritariamente em solos ardidos, uma vez que apresenta uma elevada tolerância à dessecação (RUSEK, 1998). Finalmente, espécies abundantes como Tetrachantella pilosa ou Hemisotoma thermophila são espécies caraterísticas de borda devido à sua alta tolerância à variação ambiental (ARBEA & JORDANA, 1990; ARBEA & BLASCO-ZUMETA, 2001). Além disso, possuem ovos dormentes com invólucros resistentes ao fogo que encontram nessas condições adversas o momento ideal para se desenvolver e eclodir. Este facto foi também verificado noutro estudo, ainda não publicado, realizado com amostras de primavera do mesmo incêndio. Nessa amostragem, Xenylla schillei é uma espécie muito abundante na orla que aparece quase exclusivamente nessa zona devido à eclosão dos seus ovos dormentes.

O mesmo acontece com algumas espécies endémicas que, apesar de terem uma área de distribuição restrita com caraterísticas ambientais específicas, continuam presentes após o incêndio. Permanecem em estado de dormência até que as condições sejam óptimas para a eclosão. É o caso de espécies como a Friesea steineri ou a Wankeliella medialis.

A partir dos resultados deste estudo, pode-se afirmar que as modificações provocadas pelos incêndios florestais na camada de matéria orgânica do solo, bem como as alterações na camada de matéria orgânica do solo provocadas pelos incêndios florestais, têm um impacto significativo na camada de matéria orgânica do solo, bem como na camada de matéria orgânica do solo. A composição específica encontrada nos diferentes tipos de amostras de solo mostra que as comunidades da fauna edáfica e a abundância e distribuição das comunidades de colêmbolos, bem como as produzidas na vegetação, alteram as comunidades da fauna edáfica e a abundância e distribuição das comunidades de colêmbolos. Um estudo mais completo exigiria novas amostragens na área nos anos seguintes para verificar se as comunidades edáficas recolonizam as áreas ocupadas pelo solo ardido, e para examinar se a composição faunística e de colêmbolos permanece a mesma ou se há ligeiras variações . Todos os dados obtidos nos levantamentos de outono, inverno, primavera e verão poderiam também ser reunidos para verificar as diferenças observadas na distribuição e abundância dos colêmbolos em função da estação do ano, da temperatura ou da humidade.

7. CONCLUSÕES

- No estudo realizado no pinhal de Pinus nigra Arn. em Fuentenava de Jábaga (Cuenca) após o incêndio de 1991, foram recolhidos 11812 indivíduos pertencentes a 21 grupos faunísticos diferentes. No pinhal natural foram encontrados 7497 indivíduos de 17 grupos taxonómicos diferentes, no pinhal ardido 2375 exemplares de 14 grupos e na zona de transição 1940 exemplares pertencentes a 12 grupos.

- Os ácaros são o grupo mais abundante, representando 80,63% do total, sendo mais numerosos no pinhal natural. Os rabos-de-mola (17,08%) são mais numerosos na zona de transição. A abundância de paurópodes é também significativa, sobretudo na área ardida.

- Verifica-se uma diminuição do número de indivíduos presentes na área ardida em comparação com a floresta natural. A zona limítrofe, por outro lado, apresenta uma diminuição do número de indivíduos presentes na área ardida em comparação com a floresta natural. menos ácaros e outra fauna do que o solo ardido, e tem um número mais elevado de colêmbolos do que mesmo o solo natural.

- Foi efectuado um estudo específico da fauna de colêmbolos, tendo-se recolhido um total de 2110 indivíduos pertencentes a 33 espécies. Destes, 833 exemplares de 20 espécies pertencem ao pinhal natural, 350 indivíduos de 20 espécies correspondem ao pinhal ardido e 927 indivíduos de 19 espécies foram encontrados na orla.

- Na floresta natural, M. macrochaeta é a espécie mais abundante (30,01 % do total), seguida por C. tergilobata (26,17 %) e P. notabilis (21,49 %). Na floresta ardida as espécies mais abundantes são M. macrochaeta (37,71 %), W. medialis (12,00 %) e P. armata (10,86 %) devido ao seu carácter euedáfico e, no caso de W. medialis, à sua endemicidade. Na zona limítrofe, T. pilosa (73,62%), H.

thermophila (7,35%), hemiáfica e mediterrânica, cujos ovos dormentes eclodem devido às altas temperaturas desta zona, e M. macrochaeta (6,92%), uma espécie euédrica e partenogenética, com claras estratégias de adaptação às perturbações do solo.

- Foram calculados índices de diversidade, que indicam uma maior diversidade no solo queimado e uma riqueza semelhante tanto no solo natural como no solo queimado. As análises de componentes principais revelam que a distribuição das espécies de colêmbolos é influenciada pelas diferentes caraterísticas edáficas dos diferentes tipos de amostras de solo.

- A partir do estudo da abundância e das análises utilizadas, podemos constatar que as espécies que se distinguem no pinhal natural são Heteromurus major e Sphaeridia pumilis, na área ardida Isotomurus sp e na orla Pseudachorutes parvulus, Hypogastrura purpurescens, Hemisotoma thermophila e Tetrachantella pilosa, sendo estas duas últimas as mais importantes.

8. BIBLIOGRAFIA

ALONSO-ZARAZAGA, M.A. (2015). Ordem Coleoptera. Revista Ide@-SEA, 55, 1-18.

ALVARADO, R. & SELGA, D. (1961). A fauna do solo e o seu interesse agronómico e florestal. Revista de la Universidad de Madrid, 10: 451-500.

ARANGO-GALVÁN, A.; CUTZ-POOL, L.; CANO-SANTANA, Z. & LOT, A. (2009).

Estrutura comunitária dos colêmbolos de cobertura vegetal. Biodiversidade do ecossistema do Pedregal de San Ángel. UNAM. Cidade do México, 395-402.

ARBEA, J.I. (1988). Novas espécies de Odontella (Superodontella) (Collembola, Odontellidae) de Navarra (N Península Ibérica). Misc Zool., 12: 109-119.

ARBEA, J.I. & BLASCO-ZUMETA, J. (2001). Ecologia de colêmbolos (Hexapoda, Collembola) em Los Monegros (Zaragoza, Espanha). Bol. S. E. A., 28: 35-48.

ARBEA, J.I. & JORDANA, R. (1990). Ecologia das populações de colêmbolos edáficos num prado e num pinhal na região sub-mediterrânica de Navarra. Mediterranea Ser. Biol., 12: 139-148.

ARBEA, J.I.; BAQUERO, E.; BERUETE, E.: PÉREZ FERNÁNDEZ, T. & JORDANA, R.

(2021). Catálogo dos colêmbolos cavernícolas da zona Ibero-Balearica e ilhas do norte da Macaronésia (Collembola). Bol. S.E.A., 68: 1-80.

ARDANAZ, A. & JORDANA, R. (1983). Contribuição para o conhecimento dos caracteres taxonómicos de Hypogastrura (Ceratophysella) tergilobata Cassagnau, 1954 e H. (Ceratophysella) denticulata (Bagnall, 1941)

(Collembola). Actas do I Congresso Ibérico de Entomologia. León. 1: 21-30.

ARROYO, J.; ITURRONDOBEITIA, J.C.; CABALLERO, A.I. & GONZÁLEZ-CARCEDO, S. (2003). Uma abordagem para o uso de taxa de artrópodes como bioindicadores das condições do solo em agrossistemas. Bol. S.E.A., 32: 73-79.

BABENKO, A.; STEBAEVA, S. & TURNBULL, M.S. (2019). Uma lista de verificação atualizada de Collembola canadense e do Alasca. Zootaxa, 4592(1): 1-125.

BARRIENTOS, J.A. (Ed.) (2004). Curso prático de Entomologia. Serviço de publicações da Universidade Autónoma de Barcelona. Barcelona. 947 pp.

BELLINGER, P.F.; CHRISTIANSEN, K.A. & JANSSENS, F. (2003). Lista de controlo do

Collembola: Famílias. Departamento de Biologia. Universidade de Antuérpia (RUCA). Antuérpia, Bélgica.

BERUDE, M.; GALOTE, J.K.; PINTO, P.H. & AMARAL, A. (2015). A mesofauna do solo e sua importância como bioindicadora. Enciclopédia Biosfera, 11(22): 14- 28.

BODÍ, M. B.; CERDÀ, A.; MATAIX-SOLERA, J. & DOERR, S. H. (2012). Efeitos dos incêndios florestais na vegetação e no solo da bacia mediterrânica: revisão da literatura. Boletim da Associação de Geógrafos Espanhóis.

BONNET, L.; CASSAGNAU, P. & DEHARVENG, L. (1979). Recherche d'une

Metodologia na análise da rutura dos equilíbrios biocenóticos: aplicações aos colêmbolos edáficos dos Pirineus. Rev. Ecol. Biol. Sol, 16 (3): 373-401.

BURBANO-ORJUELA, H. (2016). O solo e sua relação com os serviços ecossistémicos e a segurança alimentar. Revista de Ciências Agrárias, 33(2): 117-124.

CERRO, A. DEL & LUCAS, M.E. (2007). O Pinus nigra Arn. Na Serrania de

Cuenca: estudo sobre a sua regeneração natural e bases para a sua gestão. Série florestal no. 1. Conserjería de medio ambiente y desarrollo rural de la Junta de Comunidades de Castilla-La Mancha. 56 pp.

CHANDRA, K. (2008). Insecta: Hemiptera. Faunal Diversity of Jabalpur District, MP: 141-157.

CIPOLA, N.G.; DA SILVA, D.D. & BELLINI, B.C. (2018). Classe Collembola. In: Hamada, N.; Thorp, J. H.; Rogers, D. C. (Eds.) Thorp and Covich's Freshwater Invertebrates. Vol. 3: Keys to Neotropical Hexapoda 4th ed., pp. 11-55. Academic Press.COLINA, C. L., & ROLDÁN, P. L. (1991). Análise de componentes principais: aplicação à análise de dados secundários. Artigos: revista de sociologia, 31-63.

CROWSON, R.A. (1981). The Biology of the Coleoptera. Academic press, Londres-N.Y.-Toronto-Sydney-São Francisco, 802 pp.

CUTZ-POOL, L.Q.; PALACIOS-VARGAS, J.G. & VÁZQUEZ, M. (2003). Comparação de alguns aspectos ecológicos de Collembola em quatro associações de plantas de Noh-Bec, Quintana Roo, México. Folia Entomol. Mex., 42 (1): 91-101.

DALLAI, R. (1973). Ricerche sui collemboli. XVI. Stachorutes dematteisi n. g., n. s., Micranurida intermedia n. s. e considerazionei sul genere Micranurida. Redia, 54: 23-31.

DI CASTRI, F. & VITALI DI CASTRI, V. (1982). Fauna do solo das regiões de clima mediterrânico. In: Di Castri, F, Goodall, D.W. & Spetcht, R.L. (Eds.). Mediterranean-type shrublands. Elsevier, Amesterdão. 445-478 pp.

DINDAL, D. (1990). Guia de biologia do solo. John Wiley & Sons. Nova Iorque. 1.349 pp.

DOMÍNGUEZ-FONTANA, C. (2011). Estudo preliminar comparativo das florestas da Sierra de Juárez, Baja California (México) e da Serranía de Cuenca

(Espanha) (Doctoral dissertation, Universitat Politècnica de València).

DORAN, J.W.; COLEMAN, D.C.; BEZDICEK, D.F. & STEWART, B.A. (Eds.) (1994).

Definição da qualidade do solo para um ambiente sustentável. Soil Science Society of America, 35. Winsconsin, EUA. 35.

EGERT, M.; MARHAN, S.; WAGNER, B.; SCHEU, S. & FREDRICH, M.W. (2004).

O perfil molecular dos genes 16S rRNA revela diferenças relacionadas com a dieta das comunidades microbianas no solo, no intestino e nos moldes de Lumbricus terrestris (Oligochaeta: Lumbricidae). FEMS Microbiology Ecology, 48: 187-197.

FJELLBERG, A. (2007). Os Collembolanos da Fenoscândia e Dinamarca. Parte II: Entomobryomorpha e Symphypleona. Fauna Entomologica Scandinavica, volume 42. Tjöme. 264 pp.

GAMA, M.M.; MURIAS DOS SANTOS, F.A. & NOGUEIRA, A. (1989). Comparison de la composition de populations de Collemboles de peuplements d'eucaliptus (Eucaliptus globulus) et de chêneliège (Quercus suber). In: Dallai, R. (Ed.). 3° Seminário Internacional sobre Apterygota. Siena. 345 pp.

GARCÍA-ÁLVAREZ, A. & BELLO, A. (2004). Diversidade de organismos do solo e transformações da matéria orgânica. Actas. I Conferência Internacional de Eco-Biologia do Solo e do Composto. León. 211 pp.

GISIN, H.R. (1943). Ökologie und lebensgemeinschaften der collembolen im schweizerischen exkursionsgebiet Basels. Rev. Suisse Zool. 50: 131-224.

GOLDARAZENA, A. (2015). Ordem Thysanoptera. Revista Ide@-SEA, 52: 1-20.

GONGALSKY, K.B.; MALMSTRÖM, A.; ZAITSEV, A.S.; SHAKHAB, S.V.; BENGTSSON,

J. & PERSSON, T. (2012). As áreas queimadas recuperam do interior? Uma experiência com a fauna do solo numa paisagem heterogénea. Applied Soil Ecol., 59: 73-86.

GOULA, M. & MATA, L. (2015). Ordem Hemiptera. Revista Ide@-SEA, 53, 1-30.

HÅGVAR, S. (1998). A relevância da Convenção do Rio sobre a biodiversidade para a conservação da biodiversidade dos solos. Applied Soil Ecology, 9: 1-7.

HERRERA, L. (2015). Ordem Dermaptera. Revista Ide@-SEA, 42: 1-10.

HJORTH-ANDERSEN, M.C.T. (2015). Ordem Diptera. Revista Ide@-SEA, 63: 1-22.

JOFFE, J.S. (1936). Pedobiology. Rutgers University Press. New Brunswick, New Jersey.

JORDANA, R. & ARBEA, J.I. (1989). Chave de identificação dos géneros de colêmbolos de Espanha (Insecta, Collembola). Pub. Biol. Univ. Navarra, Ser. Zool., 19: 1-16.

JORDANA, R.; ARBEA, J.I. & ARIÑO, A.H. (1990). Catálogo de colêmbolos ibéricos. Base de dados. Publ. Biol. Univ. Navarra, Ser. Zool., 21: 231.

JORDANA, R.; ARBEA, J.I.; SIMÓN, C. & LUCIÁÑEZ, M.J. (1997). Collembola,

Poduromorpha. In: Fauna Ibérica, vol. 8. RAMOS, M.A. (Ed.) Museo Nacional de Ciencias Naturales. CSIC. Madrid. 807 pp.

LOPES, C.H. & GAMA, M.M. (1994). O efeito do fogo na população de colêmbolos da Mata de Margaraca (Portugal). Env. J. Soil, 30: 133-141.

LUCIÁÑEZ, M.J. (1990). Contribuição para o estudo dos colêmbolos do Maciço Central da Serra de Gredos. Tese de doutoramento. Universidad

Autónoma de Madrid.

LUCIÁÑEZ, M.J. & INIESTO, P. (2006). Estudo faunístico e ecológico das comunidades de colêmbolos (Hexapoda, Collembola) em pinhais queimados na vertente sul da Serra de Gredos. Boln. Asoc. Esp. Ent., 30 (3-4): 75-95.

LUCIÁÑEZ, M.J. & SIMÓN, J.C. (1987). Estudo da população de colêmbolos dos solos de Raña na província de Guadalajara. Actas da I Reunião sobre Biologia e Ecologia do Solo. Pamplona. 417-524.

LUCIÁÑEZ, M.J. & SIMÓN, J.C. (1989). Rabos de mola dos prados da Serra de Gredos (nota 1). Boletín del Grupo de Entomológico de Madrid, 4: 5-16.

LUCIÁÑEZ, M.J. & SIMÓN, J.C. (1991). Estudo da variação sazonal da colembofauna em solos de alta montanha na Serra de Guadarrama (Madrid). Misc. Zool., 15: 103-113.

MAGURRAN, A. E. (1988). Ecological diversity and its measurement. Princeton University Press. New Jersey. 179 pp.

MATAIX-SOLERA, J. & GUERRERO, C. (2007). Efeitos dos incêndios florestais nas propriedades do solo. Incêndios florestais, solos e erosão hídrica, 5-40.

MATEOS, E. (2008). O Lepidocyrtus Bourlet europeu, 1839 (Collembola: Entomrobryidae). Zootaxa, 1769(1): 35-59.

MCGAVIN, G.C. (2001). Essential Entomology. Oxford University Press. 350 pp.

MONERO, N.H.; AUTÓNOMO, O.; DE INDUSTRIA, C.; DE COMUNIDADES, J. &

MANCHA, C.L. (2010). Parque Natural da Serranía de Cuenca. Foresta, (47): 194-196.

MORENO, C.A. (2000). Métodos de medição da biodiversidade. M&T-

Manuales y Tesis SEA, vol. 1. Zaragoza, Espanha. 84 pp.

MURILLO-CUEVAS, F.D.; ADAME-GARCIA, J.; CABRERA-MIRELES, H. & FERNÁNDEZ-VIVEROS, J.A. (2019). Fauna e microflora edáfica associada a diferentes usos do solo. Ecosistemas y recursos agropecuarios, 6(16): 23-33.

NAVIA, J.F.; BARRIOS, E. & SÁNCHEZ, M. (2006). Efeitos da entrada de biomassa vegetal acima do solo na temperatura, humidade e dinâmica dos nemátodos do solo durante a estação seca em Santander de Quilichao (Departamento de Cauca). Ata agronómica, 55(2): 1-7.

ORTIZ VALBUENA, A. (1992). Contribuição para a denominação de origem do mel de La Alcarria. Tese de doutoramento. Universidade Complutense de Madrid. 311 pp.

PALACIOS-VARGAS, J.G. & MEJÍA, B.E. (2007). Técnicas de recolha, montagem e conservação de microartrópodes edáficos. Ed. Universidade Nacional Autónoma do México.

PARISI, V. (1979). Biologia e Ecologia do Solo. Blume Ecologia. Barcelona. 169 pp.

PETERSEN, H. (2002). Aspectos gerais da ecologia dos colêmbolos no virar do milénio. Pedobiologia, 46: 246-260.

PLA, L. (2006). Biodiversidade: Inferência baseada no índice de Shannon e na riqueza. Interscience, 31(8): 583-590.

POTAPOW, A.A.; SEMENINA, E.E.; KOROTKEVICH, A.Y.; KUZNETSOVA, N.A. &

TIUNOV, A.V. (2016). Conectando taxonomia e ecologia: Nichos tróficos de collembolans relacionados com a identidade taxonómica e as formas de vida. Biologia e Bioquímica do Solo, 101: 20-31.

POTAPOW, M. (2001). Sinopses sobre Collembola Paleartic. Vol. 3:

Isotomidae. Staatliches Museum für Naturkunde Görlitz. Görlitz, Alemanha. 605 pp.

PUJADE-VILLAR, J. & FERNÁNDEZ GUYABO, S. (2004). Hymenoptera. In:

BARRIENTOS, J.A. (Ed.). Curso prático de Entomologia. Serviço de publicações da Universidade Autónoma de Barcelona. Barcelona. 813-857 pp.

REGATO, P. & ESCUDERO, A. (1989). Caracterização das comunidades de Pinus nigra subsp. Salzmannii nos afloramentos rochosos do Sistema Ibérico Meridional. Bot. Complutensis, 15: 149-161.

RESTREPO, L.F. & GONZÁLEZ, J. (2007). De Pearson a Spearman. Revista Colombiana de Ciencias Pecuarias, 20(2): 183-192.

RICHARDS, O.W. & DAVIES, R.G. (1984). Imms. Treatise on Entomology. Volume 2: classificação e biologia. Ediciones Omega. Barcelona. 998 pp.

RIVAS-MARTÍNEZ, S. (1987). Memoria del mapa de las series de vegetación de España. ICONA, Ministério da Agricultura, Pescas e Alimentação. Madrid. 268 pp.

RUIZ, M. (1999). Flutuações na biodiversidade da fauna edáfica causadas pela reflorestação de coníferas em florestas do Sistema Central com especial referência às comunidades de colêmbolos: estudo ecológico e taxonómico. Tese de doutoramento. Universidade Autónoma de Madrid. 576 pp.

RUSEK, J. (1998). Biodiversity of Collembola and their functional role in the ecosystem. Biodiversidade & Conservação, 7: 1207-1219.

SALINAS, M. (2007). Modelos de regressão e correlação IV: correlação de Spearman. Cienc. Trab, 143-145.

SANJUAN, A.B.; GONZÁLEZ, L. C. & DE MELLO PRADO, R. (2022). Mesofauna edáfica, alguns estudos realizados: Revisão. INGE CUC, 18(2): 197-208.

SCHELLER, U. (1990). A list of the British Pauropoda with description of a new species of Eurypauropodidae (Myriapoda). Journal of natural history, 24(5): 1179-1195.

SIMÓN, J.C. (1985). Rabos de mola dos solos de savana da província de Segóvia. Nota I. Graellsia, 31: 213-230.

SOCARRÁS, A. (2013). Mesofauna edáfica: indicador biológico da qualidade do solo . Pastagens e Forrageiras, 36(1): 5-13.

SUHADI, DHARMAWAN, A.; NAFIAH, K.; AKHSANI, F. & YULIANITA, A. (2012).Estudo comparativo da comunidade de Collembola em terrenos pós-fogo, terrenos de transição e terrenos de controlo no Parque Nacional de Baluran da Floresta de Teca Situbondo. ICoLiST, 1-6.

TEUBEN, A. & SMIDT, G.R. (1992). Número e biomassa de artrópodes do solo em dois pinhais sobre diferentes solos, relacionados com grupos funcionais. Pedobiologia, 36: 79- 89. TORRADO, M. & BERLANGA, V. (2013). Análise discriminante usando spss. REIRE: revista d'innovació i recerca en educació. TORRALBA-BURRIAL, A. (2015). Ordem Embioptera. Revista Ide@-SEA, 44: 1-6. ÚBEDA, X.; MATAIX-SOLERA, J.; FRANCOS, M. & FARGUELL, J. (2021). Grandes incêndios florestais em Espanha e alterações do seu regime nas últimas décadas. Geografia, Riscos e Proteção Civil. Homenagem ao Professor Doutor Luciano Lourenço, 2: 147-161.

VILLEGAS-GUZMÁN, G.A. & PÉREZ, T.M. (2005). Pseudoscorpiões (Arachnida: Pseudoscorpionida) associados a ninhos de ratos do género Neotoma (Mammalia: Rodentia) das terras altas do México. Ata Zoológica Mexicana (nova série). 21: 63-77.

VOIGTLÄNDER, K. (2001). Chilopoda - Ecologia. In: MINELLI, A. (Ed.). Tratado de Zoologia. Anatomia, Taxonomia, Biologia. Os Myriapoda. Brill. Leiden-Boston. 309 pp.

WRIGHT, J.C. & WEST, P. (2006). Absorção de água vapur no milípede penicilídeo Polyxenus largus (Diplopoda: Penicillata: Polyxenida): análise microcalorimétrica da cinética de absorção. The Journal of Experimental Biology, 209: 2486-2494. ZANCADA, M.C. & SÁNCHEZ, A. (1994). Papel dos nemátodos na biologia do solo. Bol. R. Soc. Esp. Hist. Nat. (Sec. Bio.), 91 (1-4): 49-56.

9. ANEXOS

Quadro 1. Grupos de fauna edáfica amostrados na floresta natural de Fuentenava de Jábaga. Legenda: N, natural; O, outono; H, folhiço; S, solo raso; P, solo profundo.

NHO1		NHO2	NHO3	NHO4	NHO6	NSO1	NSO2	NSO3	NSO4	NSO6	NPO1	NPO2	NPO4	NPO5	NPO6	TOTAL
Collembola	37	1	11	4	6	78	46	103	158	61	6	24	265	20	13	833
Acari	785	438	296	376	235	1386	427	900	616	285	443	170	408	30	53	6563
Pseudoscorpionídeos	0	0	0	0	0	0	0	0	0	0	0	0	0	0	0	0
Coleópteros	0	0	0	0	0	0	0	1	1	0	0	0	0	0	0	2
Larva Coleoptera	0	2	0	3	1	0	2	4	0	6	1	0	0	0	1	12
Dermápteros	0	0	0	0	2	0	0	0	1	0	0	0	0	0	0	3
Dípteros	0	0	2	0	0	0	0	0	0	0	0	2	0	0	0	4
Larva Diptera	7	2	10	5	5	0	0	0	1	0	0	3	0	0	0	33
Embioptera	0	0	1	0	0	0	0	0	0	2	0	0	0	0	0	1
Hemípteros	0	0	0	0	0	0	0	0	0	0	0	0	0	0	0	0
Hymenoptera	0	4	0	0	0	0	1	0	0	0	1	0	0	0	0	6
Protura	0	0	0	0	0	0	0	0	0	0	0	0	0	3	0	3
Psocópteros	0	0	0	0	0	0	0	0	2	0	0	0	0	0	0	2
Thysanoptera	1	0	0	0	0	3	1	0	0	0	0	4	4	1	0	14
Chilopoda	0	0	0	0	0	0	0	0	0	0	0	0	0	0	1	1
Pauropoda	0	0	0	0	0	0	1	0	0	0	0	3	9	0	0	10
Sinfila	0	0	0	0	0	1	0	0	0	0	0	6	0	0	1	8
Julida	0	0	0	0	0	0	0	1	0	0	0	0	0	0	0	1
Polixeneto	0	0	0	0	0	0	0	0	0	0	0	0	0	0	0	0
Oligochaeta	0	0	0	0	0	0	0	0	0	0	0	0	0	0	0	0
Nematoda	0	0	0	0	0	0	0	0	1	0	0	0	0	0	0	1
TOTAL	830	447	320	388	249	1468	478	1009	780	354	451	212	686	54	69	7497
Número de grupos	4	5	5	4	5	4	6	5	7	4	4	7	4	4	5	17

Quadro 2. Grupos de fauna do solo amostrados na floresta ardida de Fuentenava de Jábaga.

Legenda: I, fogo; O, outono; H, folhagem; S, solo raso; P, solo profundo.

	ISO 2	ISO 3	ISO 4	ISO 5	ISO 6	IPO 1	IPO 2	IPO 3	IPO 4	IPO 5	IPO 6	TOTAL
Collembola	34	111	7	28	63	20	10	23	7	20	27	350
Acari	119	325	184	122	295	136	65	71	244	122	226	1909
Pseudoscorpionídeos	0	0	0	0	0	0	0	0	1	0	0	1
Coleópteros	0	0	0	0	0	0	0	0	0	0	0	0
Larva Coleoptera	0	2	2	0	1	1	0	0	0	0	0	6
Dermápteros	0	0	0	0	0	0	0	0	0	0	0	0
Dípteros	0	0	0	0	0	0	0	0	0	0	0	0
Larva Diptera	0	0	0	0	0	0	0	0	0	0	1	1
Embioptera	0	0	0	0	0	0	0	0	0	0	0	0
Hemípteros	0	0	0	0	0	0	0	0	1	0	2	3
Hymenoptera	0	0	0	0	0	0	1	0	0	0	0	1
Protura	0	4	0	0	0	0	2	0	1	3	0	10
Psocópteros	0	0	0	0	0	0	0	0	0	0	0	0
Thysanoptera	3	0	0	0	0	0	0	0	0	0	0	3
Chilopoda	0	0	0	0	0	0	0	0	0	0	0	0
Pauropoda	2	7	2	1	4	8	10	3	2	1	19	59
Sinfila	1	3	0	0	0	1	4	3	6	6	2	26
Julida	0	0	0	0	0	0	0	0	0	0	0	0
Polixeneto	0	0	0	0	0	0	0	0	1	0	0	1
Oligochaeta	0	1	1	1	0	0	0	0	0	0	0	3
Nematoda	0	0	1	0	1	0	0	0	0	0	0	2
TOTAL	159	453	197	152	364	166	92	100	263	152	277	2375
Número de grupos	5	7	6	4	5	5	6	4	8	5	6	14

Quadro 3. Grupos de fauna edáfica amostrados na zona de orla florestal de Fuentenava de Jábaga. Legenda: B, orla; O, outono; H, folhiço; S, solo superficial; P, solo profundo.

	BHO2	BHO3	BHO4	BSO4	BSO5	Total
Collembola	390	74	252	130	81	927
Acari	163	312	246	198	48	967
Pseudoscorpionídeos	0	0	0	0	0	0
Coleópteros	0	1	0	0	0	1
Larva Coleoptera	2	0	1	0	1	4
Dermápteros	0	0	0	1	0	1
Dípteros	0	0	0	0	1	1
Larva Diptera	4	10	3	1	0	18
Embioptera	0	0	0	0	0	0
Hemípteros	0	0	0	0	0	0
Hymenoptera	0	0	0	1	1	2
Protura	0	0	0	0	0	0
Psocópteros	5	1	5	1	0	12
Thysanoptera	0	1	0	0	1	2
Chilopoda	0	0	0	1	1	2
Pauropoda	0	0	0	0	0	0
Sinfila	0	0	0	0	0	0
Julida	0	0	0	2	1	3
Polixeneto	0	0	0	0	0	0
Oligochaeta	0	0	0	0	0	0
Nematoda	0	0	0	0	0	0
TOTAL	564	399	507	335	135	1940
Número de grupos	5	6	5	8	8	12

Tabela 4. Correlações significativas da análise da fauna edáfica. * indica que a correlação é significativa a um nível de confiança de 0,05. ** indica que a correlação é significativa a um nível de confiança de 0,01.

COEFICIENTE DE CORRELAÇÃO DE SPEARMAN			
Casal	Coeficiente de correlação	Casal	Coeficiente de correlação
Collembola	0,510**	Dermápteros	0,370*
Psocópteros		Julídeos	
Acari	0,379*	Hymenoptera	0,369*
Coleópteros		Chilopoda	
Acari	-0,366*	Hymenoptera	0,378*
Chilopoda		Julídeos	
Larva_coleoptera	-0,388*	Psocópteros	-0,363**
Symphyla		Pauropoda	
Larva_diptera	0,476**	Chilopoda	0,641**
Psocópteros		Julida	
Larva_diptera	-0,440*	Pseudoscorpionídeos	1,000**
Pauropoda		Polixeneto	
Dípteros	0,577**	Pseudoscorpionídeos	0,670**
Embioptera		Hemípteros	
Hemípteros	0,391*	Pauropoda	0,559**
Symphyla		Symphyla	
Hemípteros	0,670**	Protura	0,501**
Polixeneto		Symphyla	

Tabela 5. Espécies de rabo-de-mola e número de exemplares de cada uma recolhidos na área natural da floresta de Fuentenava de Jábaga. Legenda: N, natural; O, outono; H, folhiço; S, solo superficial; P, solo profundo.

	NHO1	NHO2	NHO3	NHO4	NHO6	NSO1	NSO2	NSO3	NSO4	NSO6	NPO1	NPO2	NPO4	NPO5	NPO6	TOTAL
Ceratophysella tergilobata	0	0	0	1	1	1	0	1	2	4	0	0	208	0	0	218
Hypogastrura purpurescens	0	0	0	0	0	0	0	0	0	0	0	0	0	0	0	0
Microgastrura duodecimoculata	0	0	0	0	1	0	0	0	0	3	0	0	0	0	0	4
Xenylla schillei	0	0	0	0	2	0	0	0	0	0	0	0	0	0	0	2
Xenyllogastrura octoculata	0	0	0	0	0	0	0	0	0	0	0	0	0	0	0	0
Brachystomella parvula	0	0	0	0	0	0	0	0	0	0	0	0	0	0	0	0
Friesea steineri	0	0	0	0	0	0	0	0	0	0	0	0	0	0	0	0
Bilobella aurantiaca	0	0	0	0	0	0	0	0	0	0	0	0	0	0	0	0
Micranurida pygmaea	0	0	0	1	0	9	0	0	4	0	0	0	0	0	0	14
Pseudachorudina sp.	0	0	0	0	0	0	0	0	0	1	0	0	0	0	0	1
Pseudachorutes parvulus	0	0	0	0	0	0	0	0	0	1	0	0	0	0	0	1
Simonachorutes romeroi	0	0	0	0	0	1	1	0	0	0	0	1	0	0	0	3
Odontellina nivalis	0	0	0	0	0	0	0	0	0	0	0	0	0	0	0	0
Superodontella selgae	0	0	0	0	2	0	0	0	0	0	0	0	0	0	0	2
Protaphorura armata	0	0	0	0	0	0	0	1	0	16	0	0	0	0	0	17
Mesaphorura macrochaeta	2	0	0	0	0	29	17	18	71	15	6	22	47	14	9	250
Wankeliella medialis	0	0	0	0	0	0	0	0	0	0	0	0	3	0	2	5
Entomobrya multifasciata	7	0	0	0	0	5	0	11	0	0	0	0	0	0	0	23
Entomobrya nicoleti	0	0	0	0	0	0	0	0	0	0	0	0	0	0	0	0
Lepidocyrtus lusitanicus	0	0	0	0	0	0	0	0	0	2	0	0	0	0	0	2
Pseudosinella sp.	0	0	0	0	0	0	0	0	0	0	0	0	0	0	0	0
Heteromurus major	0	0	1	0	0	2	0	1	2	0	0	0	0	0	0	6
Ballistura navacerradensis	0	0	0	0	0	0	0	0	0	0	0	0	0	0	0	0
Folsomides	0	0	0	0	0	0	0	0	0	0	0	0	0	0	0	0

parvulus																
Hemisotoma thermophila	0	0	0	0	0	0	0	0	0	0	0	0	0	0	0	0
Isotoma viridis	0	1	2	1	0	11	3	10	4	13	0	0	0	0	0	45
Isotomiella minor	0	0	0	0	0	0	0	0	0	1	0	0	3	5	2	11
Isotomodes bisetosus	0	0	0	0	0	0	0	0	0	0	0	0	0	0	0	0
Isotomurus sp.	0	0	0	0	0	0	0	0	0	0	0	0	0	0	0	0
Parisotoma notabilis	0	0	3	0	0	15	24	57	70	4	0	1	4	1	0	179
Tetrachantella pilosa	24	0	0	1	0	0	0	0	0	0	0	0	0	0	0	25
Megalotórax mínimo	0	0	5	0	0	0	0	0	0	0	0	0	0	0	0	5
Sphaeridia pumilis	4	0	0	0	0	5	1	4	5	1	0	0	0	0	0	20
TOTAL	37	1	11	4	6	78	46	103	158	61	6	24	265	20	13	833
Número de espécies	4	1	4	4	4	9	5	8	7	11	1	3	5	3	3	20

Tabela 6. Espécies de colêmbolos e número de exemplares de cada uma recolhidos na floresta ardida de Fuentenava de Jábaga. Legenda: I, fogo; O, outono; H, folhada; S, solo superficial; P, solo profundo.

	ISO 2	ISO 3	ISO 4	ISO 5	ISO 6	IPO 1	IPO 2	IPO 3	IPO 4	IPO 5	IPO 6	TOT AL
Ceratophysella tergilobata	0	3	0	0	1	4	0	0	0	0	0	8
Hypogastrura purpurescens	0	0	0	0	0	0	0	0	0	0	0	0
Microgastrura duodecimoculata	0	0	0	0	0	0	0	0	0	0	0	0
Xenylla schillei	0	0	0	0	0	0	0	0	0	0	0	0
Xenyllogastrura octoculata	5	0	0	4	0	4	0	0	0	0	0	13
Brachystomella parvula	9	0	0	11	0	0	0	0	0	0	0	20
Friesea steineri	0	4	0	0	5	0	0	2	0	0	0	11
Bilobella aurantiaca	0	0	0	0	0	0	0	0	0	0	0	0
Micranurida pygmaea	0	0	0	0	0	0	0	0	0	0	0	0
Pseudachorudina sp.	0	0	0	0	0	0	0	0	0	0	0	0
Pseudachorutes parvulus	2	0	0	0	0	0	0	0	0	0	0	2
Simonachorutes romeroi	0	2	2	0	1	0	0	0	0	0	0	5
Odontellina nivalis	0	0	0	0	1	0	0	2	0	0	0	3
Superodontella selgae	0	0	0	0	0	0	0	0	0	0	0	0
Protaphorura armata	1	0	2	5	25	0	0	1	0	2	2	38
Mesaphorura macrochaeta	2	67	0	4	24	10	2	6	0	0	17	132
Wankeliella medialis	3	26	0	0	3	0	1	6	0	0	3	42
Entomobrya multifasciata	0	1	0	0	0	0	0	0	0	0	0	1
Entomobrya nicoleti	0	0	0	0	0	0	0	0	0	0	0	0
Lepidocyrtus lusitanicus	1	0	0	0	0	0	0	0	1	0	0	2
Pseudosinella sp.	0	0	1	0	0	0	0	0	0	0	0	1
Heteromurus major	0	0	0	0	0	0	0	0	0	0	0	0
Ballistura navacerradensis	0	5	0	0	2	0	0	0	0	0	0	7
Folsomides parvulus	0	0	0	0	0	0	0	0	0	15	3	18
Hemisotoma thermophila	8	0	0	2	0	0	0	0	0	0	0	10
Isotoma viridis	0	0	0	0	0	0	0	0	0	0	0	0
Isotomiella minor	0	0	0	0	0	0	0	3	1	0	0	4
Isotomodes bisetosus	3	0	2	0	1	1	7	1	3	3	2	23
Isotomurus sp.	0	2	0	2	0	1	0	2	2	0	0	9

Parisotoma notabilis	0	0	0	0	0	0	0	0	0	0	0	0
Tetracanthella pilosa	0	0	0	0	0	0	0	0	0	0	0	0
Megalotórax mínimo	0	0	0	0	0	0	0	0	0	0	0	0
Sphaeridia pumilis	0	1	0	0	0	0	0	0	0	0	0	1
TOTAL	34	111	7	28	63	20	10	23	7	20	27	350
Número de espécies	9	9	4	6	9	5	3	8	4	3	5	20

Tabela 7. Espécies de colêmbolos e número de exemplares de cada uma recolhidos na zona limítrofe da floresta de Fuentenava de Jábaga. Legenda: B, orla; O, outono; H, folhiço; S, solo raso; P, solo profundo.

	BHO2	BHO3	BHO4	BSO4	BSO5	TOTAL
Ceratophysella tergilobata	3	2	0	0	0	5
Hypogastrura purpurescens	4	0	0	0	0	4
Microgastrura duodecimoculata	5	0	0	1	0	6
Xenylla schillei	0	0	0	0	0	0
Xenyllogastrura octoculata	3	0	0	1	0	4
Brachystomella parvula	0	0	0	0	0	0
Friesea steineri	0	0	0	0	0	0
Bilobella aurantiaca	0	1	0	0	0	1
Micranurida pygmaea	0	0	0	0	1	1
Pseudachorudina sp.	0	0	0	0	0	0
Pseudachorutes parvulus	7	1	0	1	2	11
Simonachorutes romeroi	0	0	0	0	0	0
Odontellina nivalis	0	0	0	0	0	0
Superodontella selgae	0	0	0	0	0	0
Protaphorura armata	0	0	0	0	4	4
Mesaphorura macrochaeta	0	0	1	30	33	64
Wankeliella medialis	0	0	0	0	0	0
Entomobrya multifasciata	0	2	1	1	0	4
Entomobrya nicoleti	1	0	0	0	0	1
Lepidocyrtus lusitanicus	0	1	0	0	0	1
Pseudosinella sp.	1	0	0	0	0	1
Heteromurus major	0	1	0	0	3	4
Ballistura navacerradensis	3	0	0	0	0	3
Folsomides parvulus	0	0	0	0	0	0
Hemisotoma thermophila	10	57	0	0	1	68
Isotoma viridis	0	0	0	0	0	0
Isotomiella minor	0	0	0	0	0	0
Isotomodes bisetosus	2	0	0	5	0	7
Isotomurus sp.	0	0	0	0	0	0
Parisotoma notabilis	5	9	0	6	37	57
Tetrachantella pilosa	346	0	250	85	0	681
Megalotórax mínimo	0	0	0	0	0	0
Sphaeridia pumilis	0	0	0	0	0	0
TOTAL	390	74	252	130	81	927
Número de espécies	12	8	3	8	7	19

Tabela 8. Correlações significativas da análise dos rabos de mola. * indica que a correlação é significativa a um nível de confiança de 0,05. ** indica que a correlação é significativa ao nível de confiança de 0,01.

SPEARMAN			
Casal	Coeficiente de correlação	Casal	Coeficiente de correlação
Ceratophysella tergilobata	0,409*	Xenylla schillei	1,000**
Ballistura navacerradensis		Superodontella selgae	
Hypogastrura purpurescens	0,526**	Xenyllogastrura octoculata	0,449*
Microgastrura duodecimoculata		Pseudachorutes parvulus	
Hypogastrura purpurescens	0,557**	Xenyllogastrura octoculata	0,466**
Xenyllogastrura octoculata		Tetrachantella pilosa	
Hypogastrura purpurescens	0,478**	Xenyllogastrura octoculata	0,557**
Pseudachorutes parvulus		Entomobrya nicoleti	
Hypogastrura purpurescens	0,446*	Xenyllogastrura octoculata	0,358*
Hemisotoma thermophila		Pseudosinella sp.	
Hypogastrura purpurescens	0,557**	Bilobella aurantiaca	0,383*
Ballistura navacerradensis		Pseudachorutes parvulus	
Hypogastrura purpurescens	0,478**	Bilobella aurantiaca	0,478**
Tetrachantella pilosa		Hemisotoma thermophila	
Hypogastrura purpurescens	1,000**	Bilobella aurantiaca	0,456**
Entomobrya nicoleti		Lepidocyrtus lusitanicus	
Hypogastrura purpurescens	0,695**	Brachystomella parvula	0,388*
Pseudosinella sp.		Protaphorura armata	
Microgastrura duodecimoculata	0,438*	Brachystomella parvula	0,572**
Xenylla schillei		Hemisotoma thermophila	
Microgastrura duodecimoculata	0,514**	Friesea steineri	0,424*
Xenyllogastrura octoculata		Simonachorutes romeroi	
Microgastrura duodecimoculata	0,491**	Friesea steineri	0,799**
Pseudachorudina sp.		Odontellina nivalis	
Microgastrura duodecimoculata	0,633**	Friesea steineri	0,640**
Pseudachorutes parvulus		Wankeliella medialis	
Microgastrura duodecimoculata	0,438*	Friesea steineri	0,447*

Superodontella selgae		Isotomurus sp.	
Microgastrura duodecimoculata	0,397*	Friesea steineri	0,651**
Tetrachantella pilosa		Ballistura navacerradensis	
Microgastrura duodecimoculata	0,526**	Micranurida pygmaea	0,417*
Entomobrya nicoleti		Isotoma viridis	
Pseudachorutes parvulus	0,595**	Micranurida pygmaea	0,443*
Hemisotoma thermophila		Heteromurus major	
Pseudachorutes parvulus	0,498**	Micranurida pygmaea	0,444*
Entomobrya nicoleti		Sphaeridia pumilis	
Pseudachorutes parvulus	0,603**	Pseudachorudina sp.	0,383*
Lepidocyrtus lusitanicus		Pseudachorutes parvulus	
Simonachorutes romeroi	0,411*	Pseudachorudina sp.	0,357*
Ballistura navacerradensis		Protaphorura armata	
Mesaphorura macrochaeta	0,361*	Pseudachorudina sp.	0,526**
Wankeliella medialis		Lepidocyrtus lusitanicus	
Mesaphorura macrochaeta	0,501**	Odontellina nivalis	0,489**
Sphaeridia pumilis		Wankeliella medialis	
Protaphorura armata	0,417*	Wankeliella medialis	0,360*
Odontellina nivalis		Ballistura navacerradensis	
Protaphorura armata	0,403*	Folsomides parvulus	0,382*
Folsomides parvulus		Isotomodes bisetosus	
Protaphorura armata	0,372*	Isotoma viridis	0,399*
Isotomodes bisetosus		Isotomurus sp.	
Hemisotoma thermophila	0,446*	Isotoma viridis	0,635**
Ballistura navacerradensis		Sphaeridia pumilis	
Hemisotoma thermophila	0,368*	Isotomodes bisetosus	-0,387*
Lepidocyrtus lusitanicus		Parisotoma notabilis	
Ballistura navacerradensis	0,557**	Isotomodes bisetosus	-0,361*
Entomobrya nicoleti		Sphaeridia pumilis	
Ballistura navacerradensis	0,358*	Parisotoma notabilis	0,698**
Sphaeridia pumilis		Heteromurus major	
Tetrachantella pilosa	0,357*	Parisotoma notabilis	0,461**
Entomobrya multifasciata		Sphaeridia pumilis	
Tetrachantella pilosa	0,478**	Entomobrya multifasciata	0,509**
Entomobrya nicoleti		Sphaeridia pumilis	
Heteromurus major	0,394*	Entomobrya nicoleti	0,695**
Sphaeridia pumilis		Pseudosinella sp.	

I **want** morebooks!

Buy your books fast and straightforward online - at one of world's fastest growing online book stores! Environmentally sound due to Print-on-Demand technologies.

Buy your books online at
www.morebooks.shop

Compre os seus livros mais rápido e diretamente na internet, em uma das livrarias on-line com o maior crescimento no mundo! Produção que protege o meio ambiente através das tecnologias de impressão sob demanda.

Compre os seus livros on-line em
www.morebooks.shop

info@omniscriptum.com
www.omniscriptum.com

Printed by Books on Demand GmbH, Norderstedt / Germany